全民经典阅读

探索氢能
——未来的动力源

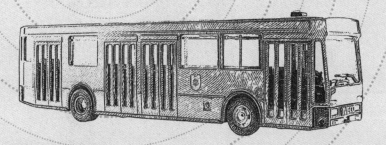

文旭先 ◎主编

U0334619

成都地图出版社
CHENGDU DITU CHUBANSHE

图书在版编目（CIP）数据

探索氢能 : 未来的动力源 / 文旭先主编 . -- 成都 :
成都地图出版社有限公司 , 2024. 8. -- ISBN 978-7
-5557-2498-8

Ⅰ. TK91-49

中国国家版本馆 CIP 数据核字第 20242Z8D70 号

探索氢能——未来的动力源

TANSUO QINGNENG——WEILAI DE DONGLIYUAN

主　　编：文旭先

责任编辑：陈　红

封面设计：李　超

出版发行：成都地图出版社有限公司

地　　址：四川省成都市龙泉驿区建设路 2 号

邮政编码：610100

印　　刷：三河市人民印务有限公司

（如发现印装质量问题，影响阅读，请与印刷厂商联系调换）

开　　本：710mm×1000mm　1/16

印　　张：10　　　　　　　　字　　数：140 千字

版　　次：2024 年 8 月第 1 版

印　　次：2024 年 8 月第 1 次印刷

书　　号：ISBN 978-7-5557-2498-8

定　　价：49.80 元

前言
PREFACE
PREFACE
前言

　　人们常常提到的绿色能源有太阳能、氢能、风能等。但另一类绿色能源，也就是绿色植物给我们提供的燃料，我们也把它叫作绿色能源，或者生物能源、物质能源。其实，绿色能源是一种古老的能源，千万年来，我们的祖先都是通过伐树、砍柴烧饭、取暖，生息繁衍。这种生存方式给自然生态平衡带来了严重的破坏。沉痛的历史教训告诉我们，利用生物能源维持人类的生存，甚至造福于人类，必须按照它的自然规律办事，既要利用它，又要保护它、发展它，使自然生态系统保持良性循环。

　　绿色能源也称清洁能源，它的概念可分为狭义和广义两种。狭义的绿色能源是指可再生能源，如水能、生物能、太阳能、风能、地热能和海洋能等。这些能源消耗之后可以恢复补充，很少产生污染。广义的绿色能源则包括在能源的生产及消耗过程中，选用对生态环境低污染或无污染的能源，如天然气、清洁煤（将煤通过化学反应转变成煤气，通过高新技术严密控制的燃烧，将煤气转变成电力）和核能等。

　　氢能是通过氢气和氧气反应所产生的能量。氢能是氢的化学能。氢在地球上主要以化合态的形式出现，是宇宙中分布最广泛的物质，它约占宇宙质量的 75%。氢能被视为一种举足轻重的能源。它是一种极为优越的新能源，其主要优点包括：燃烧热值高，每千克氢燃烧后的热量，约为汽油的 3 倍，酒精的 3.9 倍，焦炭的 4.5 倍；燃烧后的产物是水，是世界上最干净的能源；资源丰富，可以由水制取，而水是地球上最为丰富的资源，演绎了自然物质循环利用、持续发展的经典过程。

CONTENTS 目 录

氢的面纱

氢的制取

氢气的储运和纯化

氢能在国内外的开发与利用

世界能源问题

发现氢的主要化学家及其生平事迹

氢的面纱

氢是一种能源载体，而本书所说的氢能，是指目前或可以预见的将来，人类社会可以通过某种途径获得的，并且能够以工业规模加以利用的储藏在氢中的能量。氢是自然界中最轻的元素，同时也是最丰富的元素之一，大约占宇宙质量的75%，被称为"元素之首"。地球上的氢大量存在于化合物中，如水、碳氢化合物等，因此，从这种意义上说，地球上的氢资源是取之不尽的。

人们对于氢似乎有些陌生，其实它不是新生事物，在很早以前，人们就发现了氢，而氢能的利用也已渗透到人们的生产生活中。下面我们就慢慢揭开它的神秘面纱，一探究竟吧！

拨云见日——氢的发现

谈到氢，我们不禁会问：氢是怎么来的？又是谁发现了氢呢？

早在 16 世纪就有人注意到氢的存在了，但因当时人们把接触到的各种气体都笼统地称作"空气"，因此，氢气并没有引起人们足够的重视。到 18 世纪末，已经有很多人做过制取氢气的实验。因此，事实上我们很难说究竟是谁发现了氢，即使公认的对氢的发现和研究有过很大贡献的英国化学家卡文迪许本人也认为氢的发现不只是他一人的功劳。

早在 16 世纪，瑞士著名医生帕拉塞斯就曾描述过铁屑与酸接触时产生气体的现象。他说："把铁屑投到硫酸里，就会产生气泡，像旋风一样腾空而起。"他还发现，这种气体可以燃烧。然而由于他是一位著名的医生，病人非常多，他也就没有时间去做进一步的研究。到了 17 世纪，比利时著名的医疗化学派学者海尔蒙特发现了氢。那时人们的智慧被一种虚假的理论所蒙蔽，大家认为不管什么气体都不能单独存在，既不能收集，也不能进行测量。这位医生当然也不例外，他认为氢气与空气没有什么不同，于是很快就放弃了研究。

最先把氢气收集起来并进行认真研究的是英国化学家卡文迪许。卡文迪许非常喜欢化学实验，在一次实验过程中，他不小心把一块铁片掉进了盐酸中，当他正在为自己的粗心而懊恼不已时，却发现盐酸溶液中有很多气泡产生，这种现象一下子吸引了他，刚才的气恼心情也全跑到九霄云外了。他努力地思考着：这种气泡是从哪儿来的呢？它原本是铁片中的呢，还是存在于盐酸中呢？于是，他又做了几次实验，分别把一定量的锌和铁投到充足的盐酸和稀硫酸中（每次用的盐酸和硫酸的质量是不同的），结果发现所产生的气体量是固定不变的。这说明这种新的气体的产生与所用酸的种类没有关系，与酸的浓度也没有关系。

接下来，卡文迪许用排水法收集了新气体，他发现这种气体不能帮助蜡烛燃烧，也不能帮助动物呼吸，如果把它和空气混合在一起，一遇到火星就会爆炸。卡文迪许是一位十分认真的化学家，他经过多次实验终于发现了这种新气体与空气混合后发生爆炸的极限。他在论文中写道："如果这种可燃性气体的含量在 9.5% 以下或 65% 以上，点火时虽然会燃烧，但不会发出震耳的爆炸声。"

1766 年，卡文迪许向英国皇家学会提交了一篇名为《人造空气实验》的研究报告，在报告中他讲述了用铁、锌等，与硫酸、盐酸作用制得"易燃空气"（即氢气），并用英国化学家普利斯特里发明的排水集气法把它收集起来进行研究。

卡文迪许发现，一定量的某种金属分别与足量的各种酸发生反应，所产生的这种气体的量是固定的，与酸的种类、浓度都无关；他还发现，氢气与空气混合后点燃会爆炸；又发现氢气与氧气化合生成水，从而认识到这种气体和其他已知的各种气体都不同。但是，由于他当时非常相信"燃素说"，按照他的理解，这种气体燃烧起来这么猛烈，一定富含燃素，而根据"燃素说"，金属也是含燃素的。所以，他认为这种气体是从金属中分解出来的，而不是来自酸。他设想金属在酸中溶解时，"它们所含的燃素便释放出来，形成了这种可燃空气"。他甚至曾一度设想氢气就是燃素，没想到这种推测很快就得到当时的一些杰出化学家舍勒和基尔万等人的赞同。

当时很多信奉"燃素说"的学者认为，燃素是有"负重量"的。那时的气球是用猪的膀胱做成的，把氢气充到这种膀胱气球中，气球便会徐徐上升，这种现象曾经被一些"燃素说"的信奉者们作为"论证"燃素具有"负重量"的根据。但卡文迪许毕竟是一位非凡的科学家，后来他弄清楚了气球在空气中所受浮力的问题，通过研究，证明氢气是有重量的，只是比空气轻很多。

他是这样通过实验来检验氢气重量的：先用天平称出金属和装有酸的烧瓶的重量，然后将金属投入酸中，用排水集气法把产生的氢气收集起来，并测出体积；接下来再称量发生反应后烧瓶以及烧瓶内装物的总重量。就这样，他确定了氢气的相对密度只是空气的9%。可是，那些信奉"燃素说"的化学家仍固执己见，不肯轻易放弃旧说，鉴于氢气燃烧后会产生水，于是他们改说氢气是燃素和水的化合物。

卡文迪许已经测出了这种气体的相对密度，接着又发现这种气体燃烧后的产物是水，无疑这种气体就是氢气了。卡文迪许的研究已经比较细致，他只需对外界宣布他发现了一种氢元素并给它起一个名称就行了，真理的大门正准备为他敞开，幸运之神也在向他招手。但是，卡文迪许受了虚假的"燃素说"的欺骗，坚持认为水是一种元素，不承认自己无意中发现了一种新元素，实在令人惋惜。

后来，法国化学家拉瓦锡听说了这件事，于是他重复了卡文迪许的实验，并用红热的枪筒分解了水蒸气，才明确提出正确的结论：水不是一种元素，而是氢和氧的化合物。从此纠正了两千多年来一直把水当作元素的错误概念。1787年，他正式提出氢是一种元素的结论，因为氢燃烧后的产物是水，他便用拉丁文把它命名为"水的生成者"。

神秘的背后——氢的常识

要想真正地了解氢，我们不光要知道氢是如何被发现的，更要熟悉有关氢的一些基本常识。

◎ 氢的简介

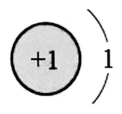

氢原子结构示意图

氢是一种化学元素，化学符号为 H，原子序数是 1，在元素周期表中位于第一位。它的原子是所有原子中最小的。氢通常的单质形态是氢气。它是无色、无味、无臭，极易燃烧的由双原子分子组成的气体，而且是已知的最轻的气体。同时，它也是宇宙中含量最多的物质。氢原子存在于水、所有有机化合物和活生物中，导热能力特别强，与氧化合成水。在 0℃和 1 标准大气压下，每升氢气只有 0.09 克——仅相当于同体积空气质量的 1/14.5。

氢元素在太阳中的含量约为 75%，在地壳中按质量计算含量约为 1%。

在常温下，氢气比较不活泼，但可用催化剂活化。单个存在的氢原子则有极强的还原性。在高温下，氢则非常活泼。除稀有气体元素外，几乎所有的元素都能与氢生成化合物。

广角镜

有机化合物

有机化合物主要由氧元素、氢元素和碳元素组成。有机物是产生生命的物质基础，如脂肪、氨基酸、蛋白质、糖、血红素、叶绿素、酶、激素等。生物体内的新陈代谢和生物的遗传现象，都涉及有机化合物的转变。

◎ 氢的同位素

什么是氢的同位素呢？我们不妨先来看一下同位素的定义。那些质子数相同而中子数不同的原子核所构成的不同原子总称即为同位素。自然界中许多原子都具有同位素。

同位素有的是天然存在的，有的是人工制造的，有的有放射性，有的没有放射性。同一元素的同位素虽然质量数不同，但它们的化学性质基本相同，物理性质有差异，主要表现在质量上。氢在自然界中的同位素有氕、氘和氚3种。其中，氕的相对丰度（指某一同位素在其所属的天然元素中占的原子数百分比）为99.985%；氘（重氢）的相对丰度为0.016%，这两种氢是自然界中非常稳定的同位素。从核反应中还找到质量数为3的同位素氚（超重氢），它在自然界中含量极少。

氢同位素主要有以下3种用途：

（1）作为热核反应的原料

这是氢同位素最重要的用途。氢的同位素氘和氚是热核聚变的材料，在一定的条件下，氘和氚发生核聚合反应即核聚变，生成氦和中子，并发出大量的热。

（2）利用氢同位素测定地质的历史

随着稳定同位素研究的进展，利用氧、氢同位素可测定古温度。从20世纪60年代开始，美国及西欧国家的冰川学家就在南极大陆和格陵兰岛的内陆冰盖上钻取冰芯，通过分析不同年龄冰芯里的氢同位素、氧同位素、痕量气体、二氧化碳、大气尘以及宇宙尘等，来确定当时（百年尺度）全球平均气温、大气成分、大气同位素组成、降水量等诸项气候环境要素。

（3）用同位素作为示踪剂

氘和氚可以作为示踪剂，用以研究化学过程和生物化学过程的微观机理。因为氘原子和氚原子都保留普通氢的全部化学性质，而氘、氚与氢的质量不同；氚与氢的放射性不同。这样就可以深入研究示踪分子的来龙去脉。例如，利用氢同位素记录污水的历史，可以控制污水排放。利用氢稳定同位素质谱技术，开发出对环境中有机污染物的分子水平氢稳定同位素分析法，可以追踪污染源。

基本小知识

示踪剂

示踪剂是为观察、研究和测量某物质在指定过程中的行为或性质而加入的一种标记物。常见的示踪剂有同位素示踪剂、酶标示踪剂、荧光标记示踪剂、自旋标记示踪剂等。在同位素示踪剂中又有放射性同位素示踪剂、稳定同位素示踪剂和非同位素示踪剂等几种。

◎ 氢的分布

在地球上和地球大气中只存在极稀少的游离状态的氢。在地壳里，如果按质量计算，氢约只占总质量的1%，而如果按原子百分数计算，则占17%。氢在自然界中分布很广，水便是氢的"仓库"——水中约含11%的氢；泥土中约有1.5%的氢；石油、天然气、动植物体内也含氢。在空气中，氢气倒不多，约占总体积的一千万分之五。在整个宇宙中，按原子百分数来说，氢却是最多的元素。据研究，在太阳的大气中，按原子百分数计算，氢占75%。在宇宙空间中，氢原子的数目比其他所有元素原子的总和约大100倍。

地球分为地壳、地幔和地核。氢在地壳中大约为第十丰富的元素。地球中的氢主要是以化合物形式存在，其中水最重要。氢约占水质量的1/9。海洋的总体积约为13.7亿立方千米，若把其中的氢提炼出来，约有1.4×10^{17}吨，所产生的热量是地球上所有矿物燃料释放出的热量的9 000倍。氢也是生命元素。

在地球的平流层0~50千米，几乎没有氢；在地球大气内层80~500千米，氢占50%；在地球大气外层500千米以上，氢占70%。

太阳光球中氢的丰度为 2.5×10^{10}（以硅的丰度为 10^6 计），是硅的 25 000 倍，是太阳光球中最丰富的元素。据计算，氢占太阳及其行星原子总量的 92%，占原子质量的 75%。甲烷存在于巨大行星的大气圈中，其数量大大超过了氢。此外，在木星和土星的大气圈中还发现少量氢。巨大的行星是由冰层围绕着的核心组成，有些是由高度压缩的氢组成。两个最轻的元素——氢和氦是宇宙中已知的最丰富的元素。

组成人体的元素有几十种，其中氧、碳、氢、氮、钙、磷、钾、硫、钠、氯、镁共 11 种，占人体质量的 99.95%，其余组成人体的元素为微量元素。氧、碳、氢、氮、钙、磷分别占人体质量的 61%、18%、10%、2.6%、1.4% 和 1.1%。可见，氢在人体内是占第三位的元素，排在氧、碳之后，也是组成一切有机物的主要成分之一。

灵活多样——氢的形态

氢气可以以 3 种形态存在，即气态、液态和固态。下面就其特性分别加以叙述。

◎ 气态氢

通常情况下，氢气以气态的形式存在。其性质（物理属性、化学属性）、制备和储运将在后面的章节予以详细论述。

◎ 液态氢

在一定条件下，气态氢可以转化成液态氢。

氢作为燃料或能量载体时，液氢是其较好的使用和储存方式之一。因此，液氢的生产是氢能开发应用的重要环节之一。氢气的转化温度很低，最高约为 20.37K（－252.78℃），所以只有将氢气冷却到该温度以下，才能产生液氢。

常温时，正常氢或标准氢（n－H_2）含 75% 正氢和 25% 仲氢（正氢和仲氢是氢的两种同素异构体。一般认为分子是由两个原子的自旋方向的不同组合而成的。当两个原子核都顺时针旋转时，它们的自旋方向平行，就是正氢；当两个原子核自旋方向反平行时，则是仲氢）。低于常温时，正—仲态的平衡组成将随着温度而变化。在氢的液化过程中，生产出的液氢为正常氢，液态正常氢会自发地发生正—仲态转化，最终达到相应温度下的平衡氢。由于氢的正—仲转化会放热，这样，液氢就会发生气化；在开始的 24 小时内，液氢大约要蒸发损失 18%，100 小时后损失将超过 40%。为了获得标准沸点下的平衡氢，也就是仲氢浓度为 99.8% 的液氢，在氢的液化过程中，必须进行正—仲催化转化。

液氢的生产通常有 3 种方法，分别是节流氢液化循环、带膨胀机的氢液化循环和氦制冷氢液化循环。节流循环是 1895 年由德国的冯林德和英国的汉普逊分别独立提出的，所以也叫林德—汉普逊循环。1902 年，法国的克劳德首先实现了带有活塞式膨胀机的空气液化循环，所以带膨胀机的液化循环也叫克劳德液化循环。氦制冷氢液化循环用氦作为制冷剂，由氦制冷循环提供氢冷凝液化所需的冷量。

从氢液化单位能耗来看，以带膨胀机的液化循环能耗最低，节流循环能耗最高，氦制冷氢液化循环能耗居中。如以带膨胀机的循环作为比较基准，那么节流循环单位能耗要高 50%，氦制冷氢液化循环单位能耗要高 25%。所以，带膨胀机的循环效率最高，但流程简单，没有在低温下运转的部件，运行可靠，所以在小型氢液化装置中应用较多。氦制冷氢液化循环消除了处理高压氢的危险，运转

氢
的
面
纱

9

安全可靠，但氦制冷系统设备复杂，因此在氢液化过程中应用得不多。

液氢虽然是一种液体，但是它具有与一般液体不同的许多特点。例如，液氢分子之间的缔合力很弱；液态范围很窄（-253～-259℃）；液氢的密度和黏度都很低；液氢极性非常小，离子化程度很低或者不存在离子化等。一般来说，液氢的物理性质介于惰性气体和其他低温液体之间。除了氦以外，其他任何物质都不能溶于液氢。

液氢的主要用处是作燃料，液氢作为火箭燃料有下列缺点：

（1）密度低。符合固体推进剂密度为 1.6～1.9 克/立方厘米，可储存液体推进剂的密度为 1.1～1.3 克/立方厘米，而液氢的密度只有 0.07 克/立方厘米。

（2）温度分层。

（3）蒸发速率高，造成相应的损失和危险。

（4）液氢在储箱中晃动引起飞行状态不稳定。

为了克服液氢的不足，科学家们提出，将液氢进一步冷冻，生成液氢和固氢混合物，即泥氢，以提高密度。或在液氢中加入凝胶剂，成为凝胶液氢，即胶氢。胶氢像液氢一样呈流动状态，但又有较高的密度。

与液氢相比，胶氢的优点表现如下：

（1）安全性增加。液氢凝胶化后黏度增加 1.5～3.7 倍，降低了泄漏带来的危险性。

（2）蒸发损失减少。液氢凝胶化以后，蒸发速率仅为液氢的 25%。

（3）密度增大。液氢中添加 35% 甲烷，密度可提高 50% 左右；液氢中添加 70%（摩尔比）铝粉，密度可提高 300% 左右。

（4）液面晃动减少。液氢凝胶化以后，液面晃动减少了20%～30%，这有助于长期储存，并能简化储罐结构。

（5）比冲提高，提高发射能力。

比 冲

比冲是衡量火箭或飞机发动机效率的重要参数，单位是米/秒或牛·秒/千克。比冲大小对火箭或飞机的推进影响很大，比冲越高，推进速度增量越大，发动机效率也就越高。要获得高比冲推进剂，要求推进剂具有高的化学能、高的燃烧效率和高的喷管效率，喷管形状直接影响比冲的大小。

◎ 固态氢

固体氢具有许多特殊的性能，所以固体氢是科学家多年追求的目标。

如何制备固态氢呢？将液氢进一步冷却，达到 -259.2℃ 时，就可以得到白色固态氢。

固态氢的主要用途表现如下：

（1）可作冷却器

固态氢在特殊制冷方面可以发挥作用。有这样一个实例，就是由于氢冷却器的失效而导致天文探测器失效的。1999 年 3 月，美国航空航天局发射了一颗名叫"宽视场红外线探测器"的人造卫星。按计划，该探测器将用 30 厘米口径的红外线望远镜研究星系的形成和演变过程。该望远镜是一台非常灵敏的仪器，需要一个使用固态氢的低温冷却系统。固态氢升华才能使它保持 -267℃（近似绝对零度）的低温。原先设计只要该望远镜对准太空深处，装有固态氢的低温冷却系统就能够持续工作 4 个月。但是当控制人员向它发出一个指令导致卫星发生误动作时，固态氢提前升华，而且升华速度非常快，形成了一股气流，使卫星以 60 转/分的速率开始自旋，最后卫星失灵。

（2）可作高能燃料

物理学家指出，金属氢还可能是一种高温高能燃料。现在科学家正在研究一种固态氢的宇宙飞船。固态氢既作为飞船的结构材料，又作为飞船的动力燃料。在飞行期间，飞船上所有的非重要零件都可以转作能源而消耗掉。这样飞船在宇宙中的飞行时间就能更长。

（3）可作高能炸药

氢是一种极其易燃的气体，被压成固态时，它的爆炸威力相当于相同质量的 TNT 炸药的 25～35 倍。目前，还没有人在实验室里制成过这种固态氢，但它却一直是军事研究的目标。

那么固态氢在什么条件下会变成金属氢呢？在很高的压力下，分子固态氢可能成为金属态。

有计算表明，固态氢在 300 吉帕的压力下通过与分子本身的谱带交叠应当会变成一种金属。现在，研究人员在高于这一压力，即在高达 320 吉帕的压力下获得了光谱测量结果。虽然仍没有发现金属氢，但是第一次观测到了带隙随密度的明显的定量变化。在这个压力下，氢完全变成了不透明状态，但这种所谓的黑色氢还不是金属。据预测，直接带隙的闭合应当在 450 吉帕左右的压力下出现，这是人们探索金属氢的下一个目标。

根据物理学理论研究可知，金属氢还可以在一定条件下转化为超导体。

大多数人都会感到奇怪：为什么有人会想起把氢变成金属呢？其中确实发生了一些有趣的故事。

1989 年 5 月，美国华盛顿卡内基研究院的毛河光和赫姆利宣布，他们用 250 万个标准大气压，把氢气压成了固态氢。这种氢不仅密度高（0.562～0.8 克/立方厘米），而且具有金属导电性，是一种储能密度极高的能源材料。

氢在常温下本是一种不导电的气体，卡内基研究院怎么会想到要研究能导电的金属氢呢？原来，他们认定，在化学元素周期表中，氢和锂、钠、钾、铷、铯、钫都是同属ⅠA族元素，但除氢外，其他成员都是金属，因此，气态氢有可能在高压下变成导电的金属氢。一是氢和锂、钠、钾等元素是同族元素，有"亲缘"关系；二是从金属的特性分析，氢有可能压成金属氢。

根据这种分析，毛河光和赫姆利开始了实验。他们取来纯度很高的氢气，放在一个能承受极高压力的金刚石材质的密闭装置内，在－196℃的低温下逐渐加压到250万个大气压。结果发现气态氢从透明状态逐渐变成了褐色，最后变成有光泽的不透明固体，导电性也发生了变化，由绝缘逐渐变成半导体，进而变成导电体。于是，他们于1989年5月初在美国地球物理学会上报告了这项实验成果。

但两年后有人对这一结果表示怀疑。美国科内尔大学的阿瑟·劳夫和克雷格·范德博格认为，毛河光的实验容器内含有红宝石粉末，而红宝石的主要成分是氧化铝，可能是氧化铝和氢气在高压下形成铝金属，而不是真正的金属氢。而且，毛河光以后也没有再公布过研究金属氢的进展情况。

可见，制造金属氢的难度有多大，人们估计，有可能需要几代人的努力才能取得突破性进展。目前，美国、俄罗斯和日本等国都宣布过用高压技术观察到了金属氢的现象，但在压力卸除后金属氢又变成了普通的氢气。因此，尽管金属氢对人们有巨大的吸引力，但在常压下要得到稳定的金属氢，还要攻克许多难关。

不过，持乐观态度的科学家认为，这个问题总有一天会解决，因为石墨在高温、高压下变成金刚石后，就能在常温下长期稳定地存在。因此，尽管困难重重，科学家们仍以坚韧不拔的毅力在从事金属氢的研究。

毛河光和赫姆利还认为，研究金属氢有两方面的意义：一是金属氢有希望成为高温超导体，还能作核聚变的燃料，是高能量密度而无污染的能源；二是金属氢的研究还有助于解决理论物理和天体物理中存在的一些长期未能解决的问题，例如，天文学家在观察太阳系的土星、木星、天王星和海王星这些天体时，发现有金属氢核心，他们非常想知道，在多高的压力和温度下氢会变成金属氢。

一旦金属氢问世，就如同以前蒸汽机的诞生一样，将会引起整个科学技术领域的一场划时代的革命。

金属氢是一种亚稳态物质，可以用它来做成约束等离子体的磁笼，把炽热的电离气体"盛装"起来，这样，可控核聚变反应使原子核能转变成了电能，而这种电能既是廉价的，也是干净的，在地球上就会很方便地建造起一座座"模仿太阳的工厂"，人类将最终解决能源问题。

金属氢又是一种室温超导体，它将甩掉背在超导技术身上的低温包袱。超导材料是没有电阻的优良导体，但现在已研制成功的超导材料的超导转变温度多在 -250℃ 左右，这样的低温工作条件，严重限制了超导体的应用。金属氢是理想的室温超导体，因此可以充分显示它的魅力。

用金属氢输电，输电效率在99%以上，可使全世界的发电量增加1/4以上，可以取消大型的变电站。如果用金属氢制造发电机，其重量不到普通发电机重量的10%，而输出功率可以提高几十倍甚至上百倍。

金属氢还具有重大的军用价值。现在的火箭是用液氢作燃料，因此必须把火箭做成一个很大的热水瓶似的容器，以便确保低温。如果使用了金属氢，就可以制造更小、更灵巧的火箭。金属氢应用于航空技术，就可以极大地增大时速，甚至可以超过音速许多倍。由于相同质量的金属氢的体积只是液态氢的1/7，因此，由它组成的燃料电池，可以很容易地应用于汽车，那时，城市就会变得非常清洁、安静。

金属氢内储藏着巨大的能量，比同质量的 TNT 炸药高 25～35 倍。因此，金属氢聚变时释放的能量要比铀核裂变大很多倍。伴随着金属氢的诞生，必将会产生比氢弹威力大很多倍的新式武器。

知识小链接

铀 核

铀核是指铀的原子核，是一种物理元素，铀有三种同位素，即铀－234、铀－235 和铀－238。现时的核电站使用的是铀核燃料。

从 20 世纪 40 年代开始，中国、朝鲜等国就投入了大量的人力、物力研制金属氢。目前，世界上的高压实验室已达上百个。我国成功研制的"分离球体式多级多活塞组合装置"能产生 200 万个标准大气压。近年来，中国等几个国家宣布已在实验室内研制成功了金属氢，这是人类在研究金属氢的道路上迈出的可喜的一步。而要使金属氢大规模投入工业生产，还有相当大的困难。但它已有力地推动和促进了超高压技术、超低温技术、超导技术、空间技术、激光以及原子能等 20 多门科学技术向着新的深度发展。

金属氢的出现是当代超高压技术创造的一个奇迹，也是目前高压物理研究领域中一项非常活跃的课题。

瑕不掩瑜——氢的性质

氢是位于元素周期表第一位的元素，也是宇宙中已知的储量最丰富的元素，并且在地球上的储量排第三位。1776 年，卡文迪许把氢定为一种化学物质；1787 年，拉瓦锡根据它能被定量氧化成水（通过燃烧）的特性，将其取名为"氢"，其化学反应式如下：

$$2H_2 + O_2 \xrightarrow{\text{点燃}} 2H_2O$$

自从其物理性质和化学性质被确认以来，氢作为一种重要的化学原料已经有 3 个多世纪的历史。它的密度比空气的密度低，使它成为气球、汽艇的一种理想原料。此外，它的化学活性使它成为了众多工业工艺过程的原料。在 20 世纪，它被用作火箭发射的推动燃料；在 21 世纪，它将成为下一个世界性发电燃料（继化石燃料之后）和运输燃料，后面本书将详细加以论述。

氢的性质主要包括物理性质和化学性质两个方面。

◎ 氢的物理性质

在自然界中，氢元素不是以单独的原子形式存在的，它是一个以共价键结合的二原子分子气体（H_2），如下式所示：

$$H + H \longrightarrow H_2 + Q \text{（BE）}$$

氢有一种非同寻常的性质，即存在正氢和仲氢两种同素异构体，这不同于两个电子和核子的旋转排列。在室温下，氢气由 25% 的仲氢和 75% 的正氢组成。这两种组分的性质在能量值、熔点和沸点上均具有很小的差别。这些差别对液氢温度来讲是很重要的。

氢元素的另一个特征是组成它的 3 种同位素有较大的物理性质差异。氢有一个质子（这是确认化学原子核为氢的依据），此外还存在 0、1 或 2 个中子（这样其质量数为 1、2、3）。

氘是氢的一种较重的形式，其能氧化形成重水（HDO 和 D_2O），它的质量数为 19 或 20，而不是 H_2O 的质量数 18。重水可用作某些核反应的中子缓释剂。其原子质量比处于氢（氘）和氚的比 1:2 之间，因此，氘从天然氢中的分离比 ^{235}U 从天然铀（大部分

是 ^{238}U）中分离出来要相对容易。从生物学的角度来讲，重水在组织上的渗透压不同于常水，并且其浓度高时还会对人体有害。

氚是氢的天然放射性同位素，大气中高能量的宇宙辐射与氮和氧原子的相互作用不断生成氚。经过成百上千年才形成稳定形态的同位素组分氚，其在大气中的半衰期为 12.26 年，经过半衰期后释放出 β 粒子后形成稳定的 He-3，从而使氚的浓度达到平衡。当氚在空气中被氧化成水后，它就被分布到水循环中了。

◎ 氢的化学性质

氢太容易起化学反应，以至于它不能以元素的自由态形式存在。它很容易失去电子，将电子提供给其他元素，使它只能以化合物的形式存在于自然界中。氢很容易与氧结合生成水，与氮反应生成氨气（NH_3），还可以与碳结合形成有机碳化合物，如烷烃 C_nH_{2n+2}（如辛烷，C_8H_{18}）、碳水化合物 $C_m(H_2O)_n$（如葡萄糖，$C_6H_{12}O_6$）。所以，在自然资源中没有氢分子存在，大量的氢气只能通过易分解的含氢化合物（如水和甲烷）的分解而制得。

碳水化合物

碳水化合物亦称"糖类"，是含醛基或酮基的多羟基碳氢化合物以及它们的缩聚产物和某些衍生物的总称。碳水化合物是自然界中最多的有机物，为生物的主要能源。

氢的化学性质很复杂。它参与了许多类型的化学反应，可以由下面的反应进行说明。

（1）作还原剂。氢原子在酸性溶液中通过氧化还原反应将它的电子给了一个更活泼的金属，如铁，其反应式如下：

$$Fe_2O_3 + 3H_2 \xrightarrow{\text{加热}} 2Fe + 3H_2O$$

基本小知识

还原剂

还原剂是在氧化还原反应里失去电子或有电子偏离的物质。还原剂本身从广义上说也是抗氧化剂，具有还原性，被氧化，其产物叫氧化产物。还原与氧化反应是同时进行的，即还原剂在与被还原物进行还原反应的同时，自身也被氧化，而成为氧化物，所含的某种物质的化合价升高的反应物是还原剂。

（2）作氢化剂。一个氢分子添加到不饱和有机分子中，在反应过程中碳—碳双键打开，两个氢原子加到打开的键上，其反应式如下：

$$C_xH_YCOOH + H_2 \longrightarrow C_xH_{Y+2}COOH$$

（3）作结合剂。氢原子和其他元素结合成键形成氢化物。这种类型的反应有两种形式。一种是共价氢化物，如水或氨，其反应式如下：

$$2H_2 + O_2 \xrightarrow{\text{点燃}} 2H_2O \text{ 或 } 3H_2 + N_2 \underset{\longleftarrow}{\xrightarrow{\text{高温高压}}} 2NH_3$$

另一种是离子氢化物，氢作为阴离子，从一个金属（或合金）晶格原子接受一个电子形成一种金属氢化物。例如，氢气和钠反应生成离子氢化物 NaH，其反应式如下：

$$2Na + H_2 \xrightarrow{\text{加热}} 2NaH$$

在这个反应中，钠为阳离子（Na^+），氢为阴离子（H^-）。这类氢化物由氢和合金（如铁—钛和一些地球上的稀有物质）形成，是更多的共价物。这些合金金属氢化物用作汽车的储罐，因为它们的形成过程是放热的，需要时，可以通过加热合金来游离氢化物从而获得氢气，作为氢燃料的供应。

值得注意的是，在常温下，氢气的性质很稳定，不容易跟其他物质发生化学反应。但是，当条件发生变化时，比如加热、点燃或使用催化剂等，氢气就会发生燃烧、爆炸或者化合反应。不纯的氢气点燃时会发生爆炸。这里存在一个界限，当空气中所含氢气的体积占混合体积的4%～74.2%时，点燃都会发生爆炸，这个体积分数范围叫作爆炸极限。

氢气与氟、氯、氧、一氧化碳以及空气混合均有爆炸的危险。其中，氢与氟的混合物在低温和黑暗环境就能发生自发性爆炸；氢与氯的混合比是1:1时，在光照下也可爆炸。由于氢无色无味，燃烧时火焰是透明的，其存

你知道吗?

乙硫醇

乙硫醇（CH_3CH_2SH）是常见硫醇之一，结构上由乙醇中的氧原子被硫替代得到。它是无色、透明、易挥发的高毒油状液体，微溶于水，易溶于碱液和有机溶剂中，以具有强烈、持久且刺激性的蒜臭味而闻名。

在不易被感官发现，因此，在许多情况下，可以向氢气中加入乙硫醇，以便氢气泄漏时可以闻到，并可同时赋予火焰以颜色。虽然氢与氟、氯、氧等结合会发生爆炸，但这并不影响我们对氢气的开发和利用，也不会影响氢能作用的发挥；相反，我们会更多地对氢在人们的生产生活中的神奇力量而称赞，并为之震撼！

洁净能源——氢能的特点

作为能源，氢有以下特点：

（1）在所有元素中，氢重量最轻。在1个标准大气压下，它的密度为0.0899g/L；在－252.78°C时，可成为液体，若将压力增大到数百个大气压，液氢就可变为固态氢。

（2）在所有气体中，氢气的导热性最好，比大多数气体的导热系数高出 10 倍，因此，在能源工业中，氢是极好的传热载体。

基本小知识

导热性

导热性是对固体或液体传热能力的衡量。金属的导热性是指物质传导热量的性能。若某些零件在使用中需要大量吸热或散热时，则要用导热性好的材料。如凝汽器中的冷却水管常用导热性好的铜合金制造，以提高冷却效果。

（3）氢是自然界中存在最普遍的元素，它构成了宇宙质量的 75%，除空气中含有氢气外，它主要以化合物的形态贮存于水中，而水是地球上最广泛的物质。据推算，如把海水中的氢全部提取出来，它所产生的总热量是地球上所有矿物燃料放出的热量的 9 000 倍。

（4）除核燃料外，氢的发热值是所有化石燃料、化工燃料和生物燃料中最高的。

（5）氢燃烧性能好、点燃快，与空气混合时有广泛的可燃范围，而且燃点高，燃烧速度快。

（6）氢本身无毒，

拓展阅读

常见一次能源及分类

所谓的一次能源是指直接取自自然界、没有经过加工转换的各种能量和资源，它包括煤、原油、天然气、油页岩、核能、太阳能、水能、风能、波浪能、潮汐能、地热、生物质能和海洋温差能等。

一次能源可以进一步分为再生能源和非再生能源两大类。再生能源包括太阳能、水能、风能、生物质能、波浪能、潮汐能、海洋温差能等，它们在自然界中可以循环再生。而非再生能源包括煤、原油、天然气、油页岩、核能等，它们是不能再生的，用掉一点，便少一点。

与其他燃料相比氢燃烧时最清洁，除生成水和少量氨气外不会产生诸如一氧化碳、二氧化碳、碳氢化合物、铅化物和粉尘颗粒等对环境有害的污染物质，少量的氨气经过适当处理也不会污染环境，而且燃烧生成的水还可继续制氢，反复循环使用。

（7）氢能利用形式多，既可以通过燃烧产生热能，在热力发动机中产生机械功，又可以作为能源材料用于燃料电池，或转换成固态氢用作结构材料。用氢代替煤和石油，不需对现有的技术装备做重大的改造，现在的内燃机稍加改装即可使用。

（8）氢可以以气态、液态或固态的氢化物出现，能适应储运及各种应用环境的不同要求。

由以上特点可以看出，氢是一种理想的新的含能体能源。目前，液氢已广泛用作航天动力的燃料，但氢能的大规模的商业应用还有待解决以下关键问题：

（1）廉价的制氢技术

因为氢是一种二次能源，它的制取不但需要消耗大量的能量，而且目前制氢效率很低。因此，寻求大规模的廉价的制氢技术是各国科学家共同关心的问题。

（2）安全可靠的贮存和运输氢的方法

由于氢易气化、着火、爆炸，所以如何妥善解决氢能的贮存和运输问题也就成为开发氢能的关键。

氢能是一种二次能源，因为它是通过一定的方法利用其他能源制取的，而不像煤、石油和天然气等可以直接从地下开采。在自然界中，氢易与氧结合成水，必须用电分解的方法把氢从水中分离出来。如果用煤、石油和天然气等一次能源燃烧所产生的热转换成的电分解水制氢，那显然是划不来的。现在看来，高效率的制氢的基本途径，是利用太阳能。如果能用太阳能来制氢，那就等于把无穷无尽的、分散的太阳能转变成了高度集中的干净能源了，其意义十分重大。

利用太阳能分解水制氢的方法有太阳能热分解水制氢、太阳能发电电解水制氢、阳光催化光解水制氢、太阳能生物制氢等。利用太阳能制氢有重大的现实意义，但这却是一个十分困难的研究课题，有大量的理论问题和工程技术问题要解决。然而世界各国对此都十分重视，投入不少的人力、财

> **太阳能**
>
> 太阳能一般指太阳光的辐射能量，一般用作发电。太阳能是一种新兴的可再生能源。广义上的太阳能是地球上许多能量的来源，如风能、化学能、水的势能等。生物主要以太阳提供的热和光生存，而自古人类就懂得以阳光晒干物件，并作为保存食物的方法，如制盐和晒咸鱼等。太阳能的利用有被动式利用（光热转换）和光电转换利用两种方式。

你知道吗？

力和物力，并且也已取得了多方面的进展。因此在以后，以太阳能制得的氢能，将成为人类普遍使用的一种优质、干净的燃料。

新能源之星——氢能

氢能以其清洁、安全、高效的特点受到了越来越多的关注。许多科学家认为，氢能已经成为世界新能源舞台上一颗举足轻重的"希望之星"。正是看好了氢能的"明星"潜质，世界各国纷纷加大科研力量和资金投入对氢能的开发和利用展开研究。

氢能是一种高效清洁的二次能源，具有许多独特的优点：首先，氢能来源广泛，可以从化石能、核能、可再生能源中制取，有利于摆脱对石油的依赖；其次，氢能作为燃料，能在传统的燃烧设备中进行能量转化，对于现有能源系统易兼容；第三，氢能通过燃

料电池技术转化能量，比利用热机转化效率更高，而且没有环境污染；第四，氢能能够储存，可以与电力并重而且互补。在我国航空航天领域，"两弹一星"中的液氢液氧研究都是对氢能的利用，不过，这属于高技术领域，离我们的生活还有点儿远。在民用工业领域，燃料电池技术作为氢能的理想转化装置，近年来发展迅速。氢能燃料电池的原理是使用氢气作为活性物质，与氧气（或空气中的氧）发生电化学反应，在清洁的状态下获得直流电能的发电装置。

目前，燃料电池是氢能利用最好的技术，具有无污染、高效率、适用广、无噪声、能连续工作和积木化组装等优点。使用氢能燃料电池的汽车排放出的是水，可真正实现零排放。不过，氢能能否真正被广泛应用，氢气的制取、储存和输送等技术研发，显得尤为重要。目前，氢气制取消耗一次能源造成成本过高，而氢气的储存和输送还没有好的办法，利用金属氢化物储氢率太低，高压罐储氢耗能又太高。因此，有关专家认为，要顺利推进氢能和燃料电池的产业化，从氢能的生产、储存、运输到相关基础设施与产业体系以及标准的建立，都要经过长期、艰苦的科技攻关。

知识小链接

产业化

产业化的概念是从产业的概念发展而来的。产业这个概念是属居于微观经济的细胞与宏观经济的单位之间的一个集合概念，它是具有某种同一属性的企业或组织的集合，又是国民经济以某一标准划分的部分的总和。

世界各国对氢能研究开发的升温，开始于20世纪90年代燃料电池技术的快速发展。目前，美国、欧盟、中国、日本等都从可持续发展和能源安全的战略高度，在国家能源战略层面上制订了氢能发展的路线图，并不断加大对氢能和燃料电池技术研发的投入。

欧 盟

欧洲联盟，简称"欧盟"，总部设在比利时首都布鲁塞尔，是由欧洲共同体发展而来的，主要经历了三个阶段：荷卢比三国经济联盟、欧洲共同体、欧盟。该组织其实是一个集政治实体和经济实体于一身、在世界上具有重要影响的区域一体化组织。1993 年，欧盟正式诞生。主要机构有欧盟理事会（决策机构）、欧盟委员会（执行机构）、欧洲议会（监督、咨询机构）等。目前有成员国 27 个，包括法国、德国、比利时等，英国于 2020 年正式脱离欧盟。

　　我国着力自主研发。近年来，我国也对氢能和燃料电池技术研究给予了稳定的支持。继德国、美国、日本之后，我国自主开发出燃料电池系统及燃料电池轿车和城市客车，其关键技术指标与国际先进水平相当。

2

氢的制取

　　氢能属于二次能源，可以由各种一次能源提供，如矿物燃料、核能、太阳能、水能、风能及海洋能等。

　　含氢最丰富的物质是水，其次就是各种矿物燃料，如煤、石油、天然气以及各种生物质等。因此，从长远看，以水为原料制取氢气是最有前途的方法，原料取之不尽，而且氢燃烧释放出能量后又生成水，不会对环境造成污染。各种矿物燃料制氢是目前制氢的最主要方法，但其储量有限，并且在制氢过程中不但耗费能源，而且还会对环境造成污染。目前，其他各类含氢物质转化制氢的方法尚处于次要地位，有的正在研究开发，但随着氢能应用范围的扩大，人们对氢源要求不断增加，它们也不失为一种提供氢源的方法。

传统制氢方法

传统的制氢方法主要有 5 种，即水电解制氢、矿物燃料制氢、生物质制氢、太阳能制氢和光化学制氢。

基本小知识

光化学

光化学是研究光与物质相互作用所引起的永久性化学效应的化学分支学科。由于历史的和实验技术方面的原因，光化学所涉及的光的波长范围为 100~1 000 纳米，即由紫外至近红外波段。比紫外波长更短的电磁辐射，如 X 射线或 γ 射线所引起的光电离和有关化学属于辐射化学的范畴。

◎ 水电解制氢

水电解制氢是目前应用较广并且比较成熟的制氢方法之一。用水作原料制氢的过程实际上是氢与氧燃烧生成水的逆过程，因此只要提供一定形式的能量，就可以使水分解。利用电能使水分解制得氢

你知道吗？

电解质

电解质是溶于水溶液中或在熔融状态下就能够导电（电离成阳离子与阴离子）并产生化学变化的化合物。另外，还存在固体电解质（导电性来源于晶格中离子的迁移）。

气的效率一般为 75%~85%。这种制氢方法过程比较简单，也没有污染，但是要消耗很多电，一般制取 1 立方米氢气耗电 4~5.5 度，因此从节约能源方面考虑，这种制氢方法受到一定的限制。

目前水电解的工艺、设备均在不断地改进：

（1）对电解反应器电极材料的改进，以往电解质一般采用强碱性电解液，近年开发采用固体高分子离子交换膜为电解质，此种隔膜又起到电解池阴阳极的隔膜作用。

（2）在电解工艺上采用高温高压参数以利反应进行等。

◎ 矿物燃料制氢

矿物燃料制氢主要指以煤、石油和天然气为原料制取氢气。这种方法是制取氢气最主要的方法，目前制得的氢气主要用作化工原料，如生产合成氨、合成甲醇等。用矿物燃料制氢的方法包括含氢气体的制造、气体中一氧化碳组分变换反应及氢气提纯等步骤。该方法在我国已经具有成熟的工艺，并建有工业生产装置。

（1）以煤为原料制取氢气

以煤为原料制取含氢气体的方法主要有两种：一是煤的焦化，也叫作高温干馏；二是煤的气化。煤的焦化是指煤在隔绝空气条件下，在 900 ~ 1 000℃的高温下制取焦炭，煤的焦化的副产品是焦炉煤气，每吨煤可得煤气 300 ~ 350 立方米。在焦炉煤气中，按体积计，氢气占 55% ~ 60%，甲烷占 23% ~ 27%，一氧化碳占 6% ~ 8%。

（2）以天然气和轻质油为原料制取氢气

以天然气为原料，采用蒸汽转化为含氢的混合气，利用变压吸附装置可以制取纯度为 99% 以上的氢气。制取的氢气主要用于石油炼制过程中油品加氢精制，这种方法在我国已有成熟的工艺。长期的生产实践证明，这种装置工艺可靠、

拓展阅读

轻质油

轻质油一般泛指沸点为 50 ~ 350℃的烃类混合物，但其含义并不十分严格。在石油炼制工业中，它可以指轻质馏分油，也可以指轻质油产品。

生产安全，原料燃料单耗和主要性能指标已接近世界先进水平。

天然气蒸汽转化的基本原理是天然气和水蒸气在高温条件下、在催化剂的作用下，发生复杂的化学反应，从而生产出氢气、甲烷、一氧化碳、二氧化碳和水的平衡混合物等。

基本小知识

催化剂

在化学反应里能改变（既能提高也能降低）其他物质的化学反应速率，而本身的质量和化学性质在化学反应前后都没有发生改变的物质叫催化剂（也叫触媒）。

这种化学反应在 $800 \sim 820℃$ 的温度条件下进行。用这种方法制得的气体组成中，按体积计，氢气含量可占74%。其生产成本主要取决于原料价格，我国轻质油价格高，制气成本比较高，因此这种方法的采用受到一些限制。

我国在天然气制氢领域进行了大量有成效的研究工作，并建有大批工业生产装置。目前，我国大多数大型合成氨、合成甲醇工厂均采用天然气为原料，催化水蒸气转化制氢。我国曾经开发采用间歇式天然气蒸汽转化制氢工艺，制取小型合成氨厂的原料，这种方法不必采用高温合金转化炉，装置投资较少。

（3）以重油为原料部分氧化法制取氢气

重油原料包括常压、减压渣油及石油深度加工后的燃料油。重油与水蒸气及氧气反应制得含氢气体产物，部分重油燃烧提供转化吸热反应所需的热量及一定的反应温度。气体产物组成中，按体积来说，氢气占46%，一氧化碳占46%，二氧化碳占6%。该法生产的氢气产物成本中，原料费约占1/3。重油价格较低，所以人们比较重视这种方法。目前，我国建有大型重油部分氧化法制氢装置，用于制取合成氨的原料。

◎ 生物质制氢

生物质资源丰富，是重要的可再生能源，因此可以通过生物质汽化和微生物制氢。

（1）生物质汽化制氢

生物质汽化制氢就是将生物质原料如薪柴、锯末、麦秸、稻草等压制成型，在汽化炉或裂解炉中进行汽化或裂解反应，制得含氢的燃料气。我国在生物质汽化技术领域的研究已取得一定成果，中科院广州能源研究所多年来进行了生物质汽化的研究，其汽化产物中氢气约占 10%。虽然可以作为农村的生活燃料，但氢含量比较低。在国外，由于转化技术的提高，生物质汽化已能大规模生产水煤气，其氢气含量大大提高。

（2）微生物制氢

微生物也可以用来制氢。微生物制氢的方法已经受到人们的关注。利用微生物在常温常压下进行酶催化反应可以制得氢气。生物质产氢主要有化能营养微生物产氢和光合微生物产氢两种方式。属于化能营养微生物的是各种发酵类型的一些严格厌氧菌和兼性厌氧菌。发酵微生物制氢的原始基质是各种碳水化合物、蛋白质等，目前已有利用碳水化合物发酵制氢的专利，并利用所产生的氢气作为发电的能源。光合作用产氢是指微型藻类和光合作用细菌等光合微生物的产氢过程与光合作

> 你知道吗？
>
> **光合作用**
>
> 光合作用，即光能合成作用，是植物、藻类和某些细菌，在可见光的照射下，经过光反应和碳反应，利用光合色素，将二氧化碳（或硫化氢）和水转化为有机物，并释放出氧气（或氢气）的生化过程。

用相联系。

（3）甲醇重整制氢

甲醇重整制氢是指以甲醇为原料，采用甲醇重整生产氢气的技术。很久以前，这种技术在国内外就已经商业化了。目前，该技术已广泛用于电子、冶金、食品及小型石化行业中。甲醇重整制氢技术与大规模的天然气、轻油、水煤气等转化制氢相比，具有流程短、投资省、耗能低、无环境污染等特点。

拓展阅读

反应器

反应器是指实现反应过程的设备，广泛应用于化工、炼油、冶金、轻工等工业部门。化学反应工程以工业反应器中进行的反应过程为研究对象，运用数学模型方法建立反应器数学模型，研究反应器传递过程对化学反应的影响以及反应器动态特性和反应器参数敏感性，以实现工业反应器的可靠设计和操作控制。

甲醇加水重整反应是一个多组分、多反应的气固催化复杂反应系统。甲醇液和脱盐水按一定比例混合后，经计量泵升压进入原料汽化器进行汽化和加热。

汽化原料和反应所需的热量由导热油炉系统提供。原料汽在汽化器内加热到220℃后，进入甲醇重整反应器，在反应器内发生重整反应，生成氢、二氧化碳和一氧化碳等混合气体。反应后混合气体经过换热器与原料液进行热交换，再经过净化塔洗涤后送进气液分离缓冲罐分离未反应的甲醇和水，使重整气中甲醇含量达到规定质量要求，完成制气。

冷凝和洗涤下来的液体为甲醇和水的化合物，全部送回配液罐回收循环使用。合格的转化气经过一套由多台吸附塔并联交替操作的变压吸附系统，一次性吸附分离所有杂质，得到纯度和杂质含量都合格的氢气。

（4）其他含氢物质制氢

国外曾研究从硫化氢中制取氢气。我国有丰富的氢资源，如河北省赵兰庄油气田开采的天然气中氢含量高达90%以上，其储量达数千万吨，是一种宝贵资源。从硫化氢中制取氢有许多方法，我国在20

广角镜

硫化氢

硫化氢是具有腐蛋异臭的无色气体。有毒性。溶于水、乙醇、甘油、二硫化碳。化学性质不稳定，在空气中会燃烧。具有还原性，可被许多氧化剂所氧化。一般用硫化铁和稀盐酸反应制取。

世纪90年代开展了多方面的研究，如中国石油大学进行的"间接电解法双反应系统制取氢气与硫黄的研究"取得进展，正进行扩大试验。中科院感光所等单位进行了"多相光催化分解硫化氢的研究"及"微波等离子体分解硫化氢制氢的研究"等。各种研究成果为今后充分合理利用宝贵资源、提供清洁能源及化工原料奠定了基础。

（5）各种化工过程副产氢气的回收

多种化工过程如电解食盐制碱工业、发酵制酒工业、合成氨化肥工业、石油炼制工业等均有大量副产氢气产生，如能采取适当的措施进行氢气的分离回收，每年可得到数亿立方米的氢气。

（6）用葡萄糖制氢

葡萄糖也可以用来制氢。1996年10月，英美科学家利用生活在地下热水出口附近的细菌产生的酶，把葡萄糖转化为氢和水。具体说来，就是从包括青草在内的植物基本组成成分——纤维素中分解出葡萄糖，然后以酶促使葡萄糖氧化，从而得到清洁燃料氢分子。这种制氢的方法优点非常明显：首先，它所用的植物纤维素来源丰富；其次，可以大量培养能在热水中迅速繁殖的酶，其方法简单，投资也很少。

基本小知识

葡萄糖

葡萄糖是自然界中分布最广且最为重要的一种单糖，是一种多羟基醛。纯净的葡萄糖为无色晶体，有甜味但甜味不如蔗糖，宜溶于水，微溶于乙醇，不溶于乙醚。其水溶液旋光向右，故亦称"右旋糖"。

◎ 太阳能制氢

太阳能是取之不尽的能源，其中利用光电制氢的方法称为太阳能氢能系统，国外已经进行实验性研究。随着太阳能电池转换能量效率的提高、成本的降低及使用寿命的延长，其用于制氢的前景不可估量。

◎ 光化学制氢

光化学制氢是一种以水为原料，通过光催化分解制取氢气的方法。光催化的过程是指含有催化剂的反应体系，在光照下由于有催化剂存在，促使水分解制得氢气。从 20 世纪 70 年代开始，国外就有研究光化学制氢的报道，中国科学院感光所等单位也开展了光化学制氢技术的研究。该方法具有开发前景，但目前尚处于基础研究阶段。

新的制氢方法

为了寻求经济实用的制氢方法，各国科学家都在努力探索。除了我们前文谈到的传统制氢方法之外，近些年国外又发明了一些新的方法。

◎ 用氧化亚铜作催化剂从水中制取氢气

国外有研究人员将 0.5 克氧化亚铜粉末加入 0.2 升的蒸馏水中，然后用一盏玻璃灯泡中发出的 460～650 纳米的可见光进行照射，在氧化亚铜催化剂的作用下，水分解成氢和氧。研究人员用这种方法共进行了 30 次实验，从分解的水中得到了不同比例的氢和氧。

知识小链接

氧化亚铜

氧化亚铜为一价铜的氧化物，呈鲜红色粉末状固体，几乎不溶于水，在酸性溶液中歧化为二价铜和铜单质，在湿空气中逐渐氧化成黑色的氧化铜。

研究人员在实验过程中发现，如果得到的氧的压力增加到 500 帕，水的分解过程就会减慢。氧化亚铜粉末的使用寿命可达 1 900 小时之久。

◎ 用新型的钼化合物从水中制氢

西班牙巴伦西亚大学的两位科学家发明了一种低成本的从水中制取氢的方法。他们对催化转化器进行改造，仅需要很少的成本就能使水分解。他们用一种从钼中获取的化学产品作催化剂，而不使用电能。如果用水作原料，用这种方法从半升水中制得的氢就足以使一辆小汽车行驶 633 千米。

催化转化器

催化转化器是汽车排气系统的一部分，安装在汽车发动机排气管中，通过氧化还原反应，将发动机排放的三种有害物一氧化碳、碳氢和氮氧化物转化为无害的水、氢气、二氧化碳和氮气，故又称之为三元（效）催化转化器。

◎ 用光催化反应和超声波照射把水完全分解法制氢

以前，曾经有人发现二氧化钛经光（紫外线）照射可分解水的现象。他们本打算应用这一方法制氢，但由于氢和氧的生成量较少，在经济上不划算，从而中断了这一研究。

后来的研究成果表明，同时使用光催化反应和超声波照射的方法能够把水完全分解。这种超声波光催化反应之所以能使水完全分解，是由于在超声波的作用下，水被分解为氢和双氧水，而双氧水经过光催化反应又可分解成氧和氢。

令人遗憾的是，用超声波照射和二氧化钛光催化剂虽然获得了完全分解水的结果，但氢的生成量却比较少。在添加二氧化锰后，再用超声波照射，二氧化锰分解后的锰离子可溶解到溶液中，使双氧水产氢量增加。

基本小知识

光催化

光催化是指光作用于催化剂，使催化剂处于激发能态而加速化学反应的作用。一般经过激发活化、配位作用、能量传递与电子传递等基本过程。

◎ 陶瓷与水反应制取氢

有人在300℃的高温条件下，使陶瓷与水反应制得了氢。他们在氩和氮的气流中，将炭的镍铁氧体加热到300℃，然后用注射针头向镍铁氧体上注水，使水跟热的镍铁氧体接触，然后制得氢。由于在水分解后镍铁氧体又回到了非活性状态，因而镍铁氧体能反复使用。在每一次反应中，平均每克镍铁氧体能产生2~3立方厘米的氢气。

◎ 用细菌制取氢

许多肉眼看不见的原始的低等生物在其新陈代谢的过程中也可以放出氢气。例如，许多细菌可在一定条件下放出氢气。日本发现的一种名为"红极毛杆菌"的细菌，就是制氢的能手。在玻璃器皿

你知道吗？

红极毛杆菌

日本一位细菌学家培养出一种红极毛杆菌，这种细菌每消耗5毫升淀粉培养液，可产生25毫升氢气，是功效很高的一种制氢菌种，许多原始的低等生物在其新陈代谢的过程中也可放出氢气。

里，以淀粉作原料，掺入一些其他营养素制成培养液，就可以培养出这种细菌。每消耗5毫升淀粉营养液，就可以产生出25毫升的氢气。

此外，美国科学家发现，有一种红螺菌能够制造氢气。美国宇航部门准备把这种细菌带到太空去，把它制造出的氢气作为能源供航天器使用。

■ 广角镜

红螺菌

红螺菌生活在湖泊、池塘的淤泥中，是一种典型的兼性营养型细菌。红螺菌在不同环境条件下生长时，其营养类型会发生改变。在没有有机物的条件下，它可以利用光能，固定二氧化碳和有机物；在有有机物的条件下，它又可以利用有机物进行生长。

◎ 用微生物提取酶制取氢

用微生物提取酶制取氢主要有以下两种：

（1）利用葡萄糖脱氧酶

美国橡树岭国家实验室从热源体乳酸菌中提取葡萄糖脱氧酶。热源体乳酸菌首先是在美国矿井中的低温干馏煤渣中发现的。葡萄糖脱氧酶在化学物质烟酰胺腺嘌呤二核苷酸磷酸（$NADP^+$）的帮助下，能从葡萄糖中提取氢。在制取氢的过程中，$NADP^+$ 从葡萄糖中剥取一个氢原子，使剩余物质变成氢原子溶液。

（2）利用氢化酶

这种酶是从曾在海底火山口附近发现的一种微生物中提取的。氢化酶的作用是使 $NADP^+$ 携载的氢原子结合成氢分子，而 $NADP^+$ 还原为它原来的状态再次被利用。

除美国发现这种酶外，俄罗斯的科学家也在湖沼里发现了这种微生物。他们把这种微生物放在适合它生存的特殊器皿里，然后用氢气瓶将微生物产生出的氢气收集起来。

拓展阅读

氢化酶

氢化酶是自然界厌氧微生物体内存在的一种金属酶，它能够催化氢气的氧化或者质子的还原这一可逆化学反应。根据氢化酶活性中心所含金属的不同，可以将氢化酶分为镍铁氢化酶、唯铁氢化酶等。

◎ 用甲烷制取氢

用甲烷制取氢的方法也有两种，具体如下：

（1）用镍铂稀土元素氧化物制氢

有人用镍铂稀土元素氧化物作催化剂，使甲烷、二氧化碳和水生成了氢气。催化剂中镍、稀土元素氧化物和铂的组成比例为

10:65:0.5。其制备过程是这样的：先将镍、稀土元素氧化物等原料加热熔解，然后导入氨气，使熔解物成为凝胶状，再进行干燥、热处理。

这种催化剂微粒孔径为 2 ~ 100 纳米，具有很高的催化活性。将该催化剂装进反应塔，然后加入二氧化碳、甲烷和水蒸气。结果，在常压及 550 ~ 600℃ 温度条

广角镜

热处理

　　热处理是指将金属材料放在一定的介质内加热、保温、冷却，通过改变材料表面或内部的金相组织结构，来控制其性能的一种金属热加工工艺。

件下，生成物为氢气和一氧化碳，升温至 650℃，其转化率为 80%；温度为 700℃ 时，转化率几乎达到 100%。

（2）用 C_{60} 作催化剂从甲烷中制氢

C_{60} 是一种由 60 个碳原子构成的分子，形似足球，因此又名"足球烯"。C_{60} 是单纯由碳原子结合形成的稳定分子，它具有 60 个定点和 32 个面，其中 12 个为正五边形，20 个为正六边形。有人用 C_{60} 作催化剂，从甲烷中制得氢气。现阶段，C_{60} 在高温条件下才能发挥功能，不能立刻达到实用，必须加以改良，制成在低温条件下也能工作的节能催化剂。这种催化剂是在碳粉里掺 10% 的 C_{60}，在加热到 1 000℃ 的容器里，放入 0.1 克催化剂，以 1 分钟流入 20 毫升甲烷的速度做实验，结果有 90% 的甲烷分解成氢和碳。

由于 C_{60} 形状独特，粒子表面面积为活性炭的 5 ~ 10 倍，因而作催化剂用时功能较强。用 C_{60} 作催化剂，可用水洗净表面，除去附着的残存碳素，理论上可永久使用。

◎ 用绿藻生成氢

绿藻是我们比较熟悉的水生植物，它也可以生产氢气。科学家

们已发现一种新方法，使绿藻按要求生产氢气。美国加利福尼亚大学伯克利分校的科学家说，绿藻属于人类已知的最古老植物之一，通过进化形成了能生活在两个截然不同的环境中的本领。当绿藻生活在平常的空气和阳光中时，它像其他植物一样具有光合作用。光合作用利用阳光、水和二氧化碳生成氧气和植物维持生命所需要的化学物质。

绿 藻

绿藻门成员约有 6 000 种。绿藻的光合色素（叶绿素 a 和 b、胡萝卜素、叶黄素）的比例与种子植物和其他高等植物相似。典型的绿藻细胞可活动或不能活动。它们的细胞中央有液泡，色素在质体中，质体形状因种类而异。细胞壁由两层纤维素和果胶质组成。

然而，当绿藻缺少硫这种关键性的营养成分，并且被置于无氧环境中时，绿藻就会回到另一种生存方式中以便存活下来，在这种情况下，绿藻就会产生氢气。据科学家介绍，1 升绿藻培养液每小时可以产生出 3 毫升氢气。但研究人员认为，绿藻生产氢气的效率至少可以提高 100 倍。

◎ 用甲酸制取氢气

德国莱布尼茨催化研究所的科学家马赛厄斯·贝勒发明了一种在低温下将甲酸（一种常见的防腐剂和抗菌剂）转化为氢气的方法，从而使甲酸有望成为燃料电池的安全、便捷的氢来源。贝勒及其同事将甲酸与胺混合，在一种金属催化剂钌的作用下，在 26 ～ 40℃ 的温度下，就可以将甲酸分解为氢气和二氧化碳。由于甲酸是一种液体，因此与气体相比更容易处理。虽然甲酸具有腐蚀性，但与胺混合之后，混合物变得很温和。甲酸燃料电池的缺点是效率不高。1 千克甲酸产生的氢气只能提供 1.45 千瓦时的电力，而 1 千克甲醇能提供 4.19 千瓦时的电力。这意味着要产生相同的电力，甲酸的消耗量约是甲醇的 3 倍。但是，由于省去了蒸汽重组这个高耗能过程，加上催化剂的效率不断提高，甲酸燃料电池具有一定的竞争力。

基本小知识

甲 酸

甲酸又称作蚁酸，当初人们蒸馏蚂蚁时制得蚁酸，故有此名。甲酸是最简单的有机酸。蚂蚁的分泌物和蜜蜂的分泌液中含有少量甲酸。甲酸无色而有刺激气味，且有腐蚀性，人类皮肤接触后会起泡红肿。

◎ 利用化合物半导体制氢

日本福岛大学佐藤教授通过制作铟、镓和砷元素中掺入碳的化合物半导体膜的实验，开发出利用化合物半导体低成本的原理制造高纯度的氢。新方法比目前应用的钒合金膜制氢法降低成本 10% 左右。

他在实验中制作了在铝基板上铟、镓和砷半导体中加入碳的 P 型半导体膜，发现这种半导体化合物膜可以作为氢过滤介质过滤氢。在利用压力差进

你知道吗？

半导体化学

半导体化学是研究半导体材料的制备、分析以及半导体器件和集成电路生产工艺中的特殊化学问题的化学分支学科。

行氢透过的实验中，氢形成一个质子氢离子通过膜，而不纯物没有透过，制造出了纯度几乎接近 100% 的氢。

◎ 用面粉制氢

在日常生活中，面粉是用来制作食品的，但除此而外，它也可以用来制取氢气。美国科学家研究出用面粉制取氢气的新技术。以这项技术为基础，未来的氢动力汽车将有可能用易于储存的碳水化合物为燃料。除了小麦面粉外，玉米粉、红薯粉等碳水化合物也可以用来制取氢气。碳水化合物和水在特殊的酶作用下可分解产生氢气，通过燃料电池产生电力，驱动汽车前进。

美国弗吉尼亚理工大学、美国橡树岭国家实验室和美国佐治亚大学的科学家共同研制了一款氢动力汽车，该车使用的氢气就来自发动机中的面粉。为了减少空气的阻力，新概念氢动力汽车被设计成时尚的梭形。利用这项新技术，汽车无需携带氢气罐，而只需携带面粉等碳水化合物，在运转时不断制取氢气，就能源源不断地为汽车提供前进的动力。

◎ 用乙醇制取氢气

日本丰田研发实验室开发了一种新方法，即从乙醇中制取氢气。这项制氢新技术是在含有金属铑作为催化剂的石英试管中混合水和乙醇，同时进行微波加热。该试管还含有碳化硅，很容易吸收微波。

试管被放在一个桌面大小的铝盒里，这样可防止微波逃逸。实验用的是2.45千兆赫兹（交流电

> **拓展阅读**
>
> **碳化硅**
>
> 碳化硅又称碳硅石，是用石英砂、石油焦（或煤焦）、木屑等为原料，通过电阻炉高温冶炼而成。碳化硅在大自然中以极其罕见的矿物莫桑石的形式存在。在当代碳、氮、硼等非氧化物高技术耐火原料中，碳化硅为应用最广泛、最经济的一种。

或电磁波频率的一个单位，1千兆赫兹等于10亿赫兹）的微波，水与乙醇的比例为50∶50，大约加热10秒钟，每1毫升混合溶液可以得到0.92升的氢气，其转换效率是常规技术的2倍。

◎ 无碳制氢

美国宾夕法尼亚州立大学的电机工程教授发现了一种低成本制氢的新方法：将水分解成氢和氧，用普通的钛和铜分别收集它们。这种方法利用太阳能的整个光谱，并且在水、太阳能和纳米二极管的帮助下得以实现。该教授和他的研究小组利用两组不同的纳米管光电化学二极管从太阳能中制得了氢。

美国能源部下属的爱达荷州国家实验室实现了一个重要里程碑：成功通过高温电解制氢。当这个实验室开始以5.6立方米/时的速度制氢时，标志着制氢技术取得新的进展。光解水制氢的能量可取自太阳能，这种制氢方法适用于海水和淡水，资源非常丰富，是一种相当有前途的制氢方法。

高效率制氢的基本途径是利用太阳能。如果能用太阳能来制氢，那就等于把无穷无尽的、分散的太阳能转变成了高度集中的干净能源了，其意义十分重大。太阳能制氢虽然困难较多，但科学家们已经取得了多方面的进展。

知识小链接

太阳能发电

太阳能发电是指将太阳能转化成电能的发电方式，主要有光发电和热发电两种途径。太阳能热电站的工作原理则是利用汇聚的太阳光，把水烧至沸腾变为水蒸气，然后用来发电。

当然，我国的科学家们也在不断地探索和研究制氢技术，并取得了很大的成效，而且我国的生物制氢技术处于国际领先地位。

生物制氢思路于 1966 年开始提出，到 20 世纪 90 年代受到空前重视。从 20 世纪 90 年代开始，德国、日本及美国等一些发达国家成立了专门

广角镜

生物制氢

生物制氢是生物质通过气化和微生物催化脱氢方法制氢，是在生理代谢过程中产生分子氢过程的统称。

机构，制订了生物制氢发展计划，以期通过对生物制氢技术的基础性和应用性研究，在 21 世纪中叶实现工业化生产。但目前研究进程并不理想。

我国哈尔滨工业大学突破了生物制氢技术必须采用纯菌种和固定技术的局限，开创了利用非固定化菌种生产氢气的新途径，并在 2000 年首次实现了中试规模连续流长期持续产氢。在此基础上，他们又先后发现了产氢能力很高的乙醇发酵类型，发明了连续流生物制氢技术反应器，初步建立了生物产氢发酵理论，提出了最佳工程控制对策。该技术和理论成果在中试研究中得到了充分验证：氢气产气率比国外同类的小试研究高几十倍；开发的工业化生物制氢系统工艺运行稳定可靠，且生产成本明显低于目前广泛采用的水电解法制氢成本。该项研究属国内外首创并实现了中试规模连续非固定化菌种长期持续生物制氢技术，是生物制氢领域的一项重大突破。

3

氢气的储运和纯化

　　氢能体系主要包括氢的生产、储存和运输、应用3个环节，而氢能的储存是关键，也是目前氢能应用的主要技术障碍。

　　氢气输送也是氢能利用的重要环节。一般而言，氢气生产厂和用户之间会有一定的距离，这就存在氢气输送的需求。按照氢在输运时所处状态的不同，可以分为气氢输送、液氢输送和固氢输送。其中，前两者是目前正在大规模使用的两种方式。

氢气的储存

氢能的应用要求储氢系统安全性高、容量大、成本低，并且使用方便。然而由于氢气密度非常低，性质比较活泼，飘忽不定，因而为其储存和运输带来一定的困难。如果不能很好地解决氢的储存

问题，即使氢有再多的优点，也无法推广应用。当前，氢的储存主要有高压气态储存、低温液化储存、金属氢化物储存和碳材料储存4种方式。

◎ 高压气态储存

气态氢可储存在地下仓库里，也可装入钢瓶中。为了提高其储存空间利用率，必须将氢气进行压缩，尽可能使氢气的体积变小，因此就需要对氢气施加压力，为此需消耗较多的压缩功。氢气重量很轻，即使体积缩小、密度增大，重量仍然很轻。一般情况下，一个充气压力为20兆帕的高压钢瓶储氢重量只占总重量的1.6%，供太空用的钛瓶储氢重量也仅为总重量的5%。

为提高储氢量，目前科技工作者们正在研究一种微孔结构的储氢装置，它是一种微型球床。微型球的球壁非常薄，最薄的只有1微米。微型球充满了非常小的小孔，最小的小孔直径只有10微米左右，氢气就储存在这些小孔中。微型球可用塑料、玻璃、陶瓷或

金属制造。

高压气态储存是最普遍、最直接的方式，通过减压阀的调节就可以直接将氢气释放出来。但是它也存在着一定的不足，即能耗较高。

◎ 低温液化储存

随着温度的变化，氢气的形态也会发生变化。将氢气降温，当冷却到 $-253℃$ 时，氢气就会发生形态上的变化，由气态变成液态，也就是液氢。然后，再将液氢储存在高真空的绝热容器中，在恒定的低温下，液氢就会一直保持这种状态，不再发生变化。这种液氢储存工艺已经用于航天中。这种储存方式成本较高，安全技术也比较复杂，不适合广泛应用。低温储存液氢的关键就在于储存容器，因此高度绝热的储氢容器是目前研究的重点。

现在一种间壁间充满中孔微珠的绝热容器已经问世。这种二氧化硅的微珠直径为 30~150 微米，中间是空心的，壁厚只有 1~5 微米，在部分微珠上镀上厚度为 1 微米的铝。由于这种微珠导热系数极小，其颗粒又非常细，可以完全抑制颗粒间的对流换热；将 3%~5% 的镀铝微珠混入不镀铝的微珠当中，可以有效地切断辐射传热。这种新型的热绝缘容器不需抽真空，其绝热效果远优于普通高真空的绝热容器，是一种比较理想的液氢储存罐。

基本小知识

辐射传热

物体在向外发射辐射能的同时，也会不断地吸收周围其他物体发射的辐射能，并将其重新转变为热能，这种物体间相互发射辐射能和吸收辐射能的传热过程称为辐射传热。

在生产实践中，采用液氢储存必须先制备液氢，将气态氢变成液态氢。生产液氢一般可采用3种液化循环方式。其中，带膨胀机的循环效率最高，在大型氢液化装置上被广泛采用；节流循环方式效率不高，但流程简单，运行可靠，所以在小型氢液化装置中应用较多；氦制冷氢液化循环消除了高压氢的危险，运转安全可靠，但氦制冷系统设备复杂，因此在氢液化中应用不多。

◎ 金属氢化物储存

曾经有这样一件奇怪的事情，在某部队的一间营房里，史密斯中士把弯曲的镍钛合金丝拉直后，放到工作台上，便转过身忙别的事情。过了一会儿，等他再回到工作台旁，看到刚才拉直的镍钛合金丝又变成原来弯曲的形状了，史密斯中士对此感到很奇怪。

拓展阅读

磁　场

磁场是电流、运动电荷、磁体或变化电场周围空间存在的一种物理场，它是一种看不见、摸不着的特殊物质，具有波粒的辐射特性。磁体间的相互作用就是以磁场作为媒介的。

发现这种现象的不仅仅是史密斯中士，冶金学专家巴克勒教授也发现了这种现象。他发现被他拉直的镍钛合金丝又回复到了原来弯曲的形状。为什么会这样呢？巴克勒教授走到镍钛合金丝的旁边，看到周围并没有什么异常，他再试了一下，看看是不是磁场作用的结果，可是经过检测，周围根本没有磁场。这到底是什么原因呢？当他无意中用手摸了摸放金属的工作台，发现工作台很烫，难道是热量在作怪吗？巴克勒教授决定亲自试一试。他把镍钛合金丝一根一根地拉直，然后又把它们放到工作台上，结果与刚才的情况一样。他又将这些镍钛合金丝拉直放到另外一个地方，这些金属并没有弯曲，还保持原来的样子。也就是说，放在高温地方的镍钛合金丝会恢复到原来弯曲的样子，而放在其他地方的镍钛合金丝没有改变形状。巴克勒教授从而发现了一个非常重要的科学现象，即合金在上升到一定温度的时候，它会恢复到原来弯曲的状态。巴克勒教授由此得到一个结论：镍钛合金具有记忆力。镍钛合金具有记忆力，那么其他的金属有没有记忆力呢？巴克勒教授并没有浅尝辄止，放过对其他事物研究的机会。他做了许多实验，最后他发现合金大都具有记忆力。

根据合金的这一特性，一种新型简便的储氢方法应运而生，即利用储氢合金（金属氢化物）来储存氢气。这是一种金属与氢反应生成金属氢化物而将氢储存和固定的技术。氢可以和许多金属或合金化合之后形成金属氢化物，它们在一定温度和压力下会大量吸收氢而生成金属氢化物。而这些反应又有很好的可逆性，适当升高温度和减小压力即可发生逆反应，释放出氢气。用金属氢化物储存，使氢气与能够氢化的金属或合金相化合，以固体金属氢化物的形式储存起来。

储氢合金具有很强的储氢能力。单位体积储氢的密度，是相同温度、压力条件下气态氢的 1 000 倍，也就是说，相当于储存了 1 000 个标准大气压的高压氢气。储氢合金都

你知道吗？

储氢合金

储氢合金是一种新型合金，在一定条件下能吸收氢气和放出氢气。它循环寿命长，可被用于大型电池中，尤其是电动车辆、混合动力电动车辆、高功率应用等。

是固体，需要用氢时通过加热或减压将储存于其中的氢释放出来，因此是一种极其简便易行的理想储氢方法。目前，研究发展中的储氢合金主要有钛系储氢合金、锆系储氢合金、铁系储氢合金和稀土系储氢合金。

储氢合金具有高强的本领，不仅具有储存氢气的功能，而且还

能够采暖和制冷。炎热的夏天，太阳光照射在储氢合金上，在阳光热量的作用下，它便吸热放出氢气，将氢气储存在氢气瓶里。吸热使周围空气温度降低，起到制冷的效果。到了寒冷的冬天，储氢合金又放出夏天所储存的氢气，释放热量，这些热量就可以供取暖了。利用这种放热—吸热循环可进行热的储存和传输，制造制冷或采暖设备。此外，储氢合金还可以用于提纯和回收氢气，它可将氢气提纯到很高的纯度。采用储氢合金，可以以很低的成本获得纯度高于 99.9999% 的超纯氢。

储氢合金的飞速发展，给氢气的利用开辟了一条广阔的道路。我国已研制成功了一种氢能汽车，它使用储氢材料 90 千克就可以连续行驶 40 千米，时速超过 50 千米。

◎ 碳材料储存

碳材料储氢也是一种重要的储氢途径。作储氢介质的碳材料主要有高比表面积活性炭、石墨纳米纤维和碳纳米管。由于材料内孔径的大小及分布不同，这三类碳材料的储氢机理也有区别。

活性炭储氢的研究始于 20 世纪 70 年代末，该材料储氢面临最大的技术难点是氢气需先预冷，吸氢量才有明显的增长，且由于活性炭孔径分布较为杂乱，氢的解吸速度和可利用容积比例均受影响。

碳纳米材料是一种新型储氢材料，如果选用合适的催化剂，优化调整工艺过程参数，可使其结构更适宜氢的吸收和脱附，用它作氢动力系统的储氢

你知道吗？

碳纳米管

碳纳米管是一种具有特殊结构的一维纳米材料。它重量轻，六边形结构连接完美，具有许多异常的力学、电学和化学性能。随着碳纳米管及纳米材料研究的深入，其广阔的应用前景也不断地展现出来。

介质有很好的前景。

碳纳米管可以分为单壁碳纳米管和多壁碳纳米管，主要由碳通过电弧放电法和热分解催化法制得。电弧放电法制得的碳纳米管通常比较长，结晶性能比较好，但纯化较困难。而用催化法制得的碳纳米管，管径大小比较容易调节，纯化也比较容易，但结晶性能要比用电弧放电法制备的差一些。

石墨纳米纤维来自含碳化合物，由含碳化合物经所选金属颗粒催化分解产生，主要形状有管状、飞鱼骨状、层状。其中，飞鱼骨状的石墨纳米纤维吸氢量最高。

知识小链接

纳米纤维

纳米纤维是指直径为纳米尺度而长度较大的线状材料，广义上包括纤维直径为纳米量级的超细纤维，还包括将纳米颗粒填充到普通纤维中对其进行改性的纤维。

碳纳米管的孔径分布比石墨纳米纤维的孔径分布更为有序，选用合适的金属催化颗粒和晶状促长剂，就能够比较容易地控制管径的大小及管口的朝向。在微孔中加入催化金属颗粒和促长剂，可增加碳纳米管强度，并使表面微孔更适宜氢分子的储存。

氢气的纯化

石油化学工业的高级油料生产，电子工业的半导体器件制造，金属工业的金属处理，玻璃、陶瓷工业的光纤维、功能陶瓷的生产，以及电力工业的大型发电机冷却系统等，都对氢有很大的需求量。尤其是高纯度氢在化学工业、半导体、光纤等领域的应用，使得氢的纯化日益得到重视。

基本小知识

光 纤

光纤即光导纤维。一般专指用于通信、传感器和医用的光学纤维。目前，光纤多采用透明度很高的石英玻璃丝制造而成。它利用了光在不同介质中传播而产生的全反射原理，而使激光束在光纤中传播。光纤主要应用在通信领域，作为高速数据传输的主要手段。

为什么要纯化氢呢？自然界中没有纯净的氢，氢总是以其化合物如水、碳氢化合物等形式存在，因此，在制备氢时就不可避免地带有杂质。氢气中带有杂质，就会带来安全隐患，容易发生爆炸，因此就要求对氢气原料进行纯化。

那么，什么是氢的纯化呢？氢的纯化是利用物理或化学的方法除去氢气中杂质的方法总称，也就是将氢中包含的杂质"过滤"出去。随着半导体工业、精细化工及光电产业的发展，半导体生产工艺需要使用 99.999% 以上的高纯氢。但是目前工业上各种制氢方法所得到的氢气纯度不高，为满足工业上对各种高纯氢的需求，必须对氢气进行进一步的纯化。

氢的纯化有多种方法。总的来说，可分为物理方法和化学方法两大类。具体来讲，目前氢气纯化技术主要有 5 种，分别是膜分离技术、变压吸附法、低温分离技术、金属氢化物法和催化脱氧法。

◎ 膜分离技术

膜分离技术以选择性透过膜为介质，在电位差、压力差、浓度差等推动力下，有选择地透过膜，从而达到分离、提纯的目的。主要有以下两种方法：

（1）钯膜扩散法

在一定温度下，氢分子在钯膜一侧离解成氢原子，溶于钯并扩散到另一侧，然后结合成分子。经一级分离可得到 99.99% ~ 99.9999% 纯度的氢。由于钯属于

介　质

　　波动能量的传递，需要某种物质基本粒子的准弹性碰撞来实现。这种物质的成分、形状、密度、运动状态，决定了波动能量的传递方向和速度，这种对波的传播起决定作用的物质，称为这种波的介质。

贵金属，该方法只适于较小规模且对氢气纯度要求很高的场合使用。

（2）有机中空纤维膜扩散法

中空纤维膜分离回收氢装置应用得最广，甲醇厂排放污染空气和石油炼制过程中排放各种尾气，基本上都采用这种装置。采用有机中空纤维膜分离工艺，可以利用放空尾气的自身压力，以膜两侧的分压差为推动力。

◎ 变压吸附法

吸附是指当两种相态不同的物质接触时，其中密度较低的物质分子在密度较高的物质表面被富集的现象和过程。吸附按其性质的不同，可以分为四大类，即化学吸附、活性吸附、毛细管凝缩和物理吸附。变压吸附气体分离装置中的吸附主要为物理吸附。

物理吸附的特点是吸附过程中没有化学反应，吸附过程进行得非常快，在瞬间即可完成参与吸附的各相物质间的动态平衡，并且这种吸附是完全可逆的。

变压吸附技术是以特定的吸附剂（多孔固体物质）内部表面对气体分子的物理吸附为基础，利用吸附剂的特性，即在相同压力下

易吸附高沸点组分、不易吸附低沸点组分，高压下吸附量增加、低压下吸附量减少，将原料气在一定压力下通过吸附床，相对于氢的高沸点杂质组分被选择性吸附，低沸点的氢气不易被吸附而穿过吸附床，达到氢和杂质组分的分离。

变压吸附技术是一项新型气体分离与净化技术，由于其投资少，运行费用低，产品纯度高，操作简单、灵活，环境污染小等优点，这项技术被广泛应用于石油、化工、冶金及轻工等行业。

变压吸附气体分离工艺之所以得以实现，是由于吸附剂在这种物理吸附中所具有的两个基本性质：一是对不同组分的吸附能力不同；二是吸附质在吸附剂上的吸附容量随吸附质的分压上升而增加，随吸附温度的上升而下降。利用吸附剂的第一个性质，可实现对某些组分的优先吸附而使其他组分得以提纯。利用吸附剂的第二个性质，可实现吸附剂在高压低温下吸附，而在高温低压下解吸再生，从而构成吸附剂的吸附与再生循环，达到连续分离气体的目的。

工业上变压吸附制氢装置中所选用的吸附剂是固体颗粒，如活性氧化铝、活性炭、硅胶和分子筛等，它们对水、一氧化碳、氮气和二氧化碳等具有较强的吸附能力。在生产实践中，根据不同的气体成分，按吸附性能依次分层装填，组成复合吸附床，以达到分离所需产品组分的目的。变压吸附方法有很多优点，如工艺流程简单、自动化程度高、操作维修费用低、产品纯度可

拓展阅读

吸附剂

吸附剂是一种能有效地从气体或液体中吸附其中某些成分的固体物质。吸附剂一般有以下特点：大的比表面；适宜的孔结构及表面结构；对吸附质有强烈的吸附能力；一般不与吸附质和介质发生化学反应；制造方便，容易再生；有良好的机械强度。

调性强，以及一次分离同时除去多种杂质组分等。

◎ 低温分离技术

低温分离技术包括低温冷凝法和低温吸附法，具体如下：

（1）低温冷凝法

这种方法是基于氢与其他气体沸点差异大的原理，在操作温度下，使除氢以外所有高沸点组分冷凝为液体的分离方法。这种办法适合氢含量为30%～80%的原料气回收氢。这种技术产氢纯度为90%～98%。

（2）低温吸附法

采用这种方法提纯生产高纯氢气，以液氮为冷源，以硅胶、活性炭为吸附剂，在高压条件下，可以有效去除氢气中的一氧化碳、二氧化碳、氧气、氮气及水分等杂质，从而可以从电解氢或纯度为99.9%的工业原料氢气中，制取纯度为99.999%～99.9999%的高纯氢气和超纯氢气。

知识小链接

活性炭

活性炭又称活性炭黑，是黑色粉末状或颗粒状的无定形碳。活性炭主成分除了碳以外还有氧、氢等元素。活性炭在结构上由于微晶碳是不规则排列，在交叉连接之间有细孔，在活化时会产生碳组织缺陷，因此，它是一种多孔碳，堆积密度低，比表面积大。

◎ 金属氢化物法

这种方法是利用储氢合金对氢的选择性生成金属氢化物，氢中的其他杂质浓缩于氢化物之外，随着废气排出，金属氢化物分离放出氢气，从而使氢气纯化。工艺上包括吸氢和放氢、低温高压吸氢和高温低压放氢。

◎ 催化脱氧法

催化脱氧法是用钯或铂作催化剂，使氧和氢发生反应生成水，再用分子筛干燥脱水。这种方法非常适用于电解氢的脱氧纯化，可制得纯度为 99.999% 的高纯氢气。

氢气的储运及使用安全问题

氢气储运及使用过程中需要注意的问题主要是安全问题。氢虽然有很好的可运输性，但不论是气态氢还是液态氢，它们在使用过程中都存在着一定的问题。氢的独特物理性质，如更宽的着火范围、更低的着火点、更容易泄漏、更高的火焰传播速度及更容易爆炸等，使其在储运和使用中安全与否成为一个不可忽视的问题，也成为人们的一个普遍关注点。氢气的着火温度在可燃气体中虽不是最低的，但由于它在空气中着火所需的能量仅为 20 微焦，所以很容易着火，甚至化学纤维织物摩擦所产生的静电比氢着火所需的能量大几倍。这就要求在氢的生产中应采取措施尽量防止和减少静电的积聚。

氢气是最轻的气体，它黏度最小，导热系数最高，化学活性、渗透性和扩散性强，因而在氢气的生产、储运和使用过程中都易造成泄漏。以氢作燃料的汽车行驶试验证明，即使是真空密封的氢燃料箱，每 24 小时的泄漏率就达 2%；与汽油相比，汽油一般一个月才泄漏 1%。因此，对储氢容器和输氢管道、接头、阀门等都要采取特殊的密封措施。

由于氢气具有很强的渗透性，所以在钢设备中具有一定温度和压力的氢渗透溶解于钢的晶格中，原子氢在缓慢的变形中引起脆化作用。它还能够与钢中的碳反应生成甲烷，降低了钢的机械性能，甚至引起材质的损坏。通常在高温、高压和超低温度下，容易引起氢脆或氢腐蚀。因此，使用氢气的管道和设备，其材质应按具体使用条件慎重进行选择。

基本小知识

氢 脆

氢脆是溶于一些金属材料中的氢，聚合为氢分子，造成应力集中，超过金属材料的强度极限，在金属材料内部形成细小的裂纹，又称白点。氢脆只可防，不可治。氢脆一经产生，就消除不了。有两种类型：一是由于氢溶入熔融金属并在凝固时达到过饱和析出导致大量细微裂纹缺陷引起的"内氢脆"，二是由于固态金属吸附氢导致的"环境氢脆"。

氢与氮气、氩气、二氧化碳等气体一样，都是窒息气，可使肺缺氧，所以在氢的储存和运输过程中，要注意安全问题，避免人身受到伤害。液氢的温度极低，只要有一滴掉在皮肤上就会发生严重的冻伤，因此在运输和使用过程中应特别注意采取各种安全措施。

此外，由于氢特别轻，与其他燃料相比，在运输过程中单位数量所占的体积特别大，即使液态氢也是如此，为运输带来不便。

在当今工业环境中，氢气的储运和使用技术已经比较成熟，已具备完善的安全作业标准。比如，美国每年在公路上运送的液化氢气量可达 7 000 万加仑（加仑是一种容积单位，分美制加仑、英制加仑。1 美加仑 ≈3.79 升；1 英加仑 ≈4.55 升），未曾出现重大事故。氢的储运有 4 种方式可供选择，即气态储运、液态储运、金属氢化物储运和微球储运。实际应用的只有前 3 种，微球储运方式尚在研究中。

◎ 氢气储运过程中的注意事项

为了确保安全性，氢气在储存和运输过程中要注意以下几个方面的问题：

（1）在搬动存放氢气瓶时，应装上防震垫圈，旋紧安全帽，以保护开关阀，防止其意外转动和减少碰撞。

（2）搬运充装有氢气的气瓶时，最好用特制的担架或小推车，也可以用手平抬或垂直转动，但绝不允许用手执着开关阀移动。

（3）充装有氢气的气瓶装车运输时，应妥善加以固定，避免途中滚动碰撞；装卸车时应轻抬轻放，禁止采用抛丢、下滑或其他易引起碰击的方式。

（4）不能与接触后可引起燃烧、爆炸的气体的气瓶（如氧气瓶）同车搬运或同存一处，也不能与其他易燃易爆物品混合存放。

（5）气瓶瓶体有缺陷、安全附件不全或已损坏、不能保证安全使用的，切不可再送去充装气体，应送交有关单位检查，合格后方可使用。

还要注意，采用钢瓶运输时必须戴好钢瓶上的安全帽。钢瓶一般平放，并应将瓶口朝同一方向，不可交叉；高度不得超过车辆的防护栏板，并用三角木垫卡牢，防止滚动。运输时，运输车辆应配备相应品种和数量的消防器

你知道吗？

热 源

热源也称热库，指发出热量的物体。一个热容量无限大的存贮热能的物体，当供出或吸收有限的热时，它的温度仍能维持不变，如大气和海洋就可近似地看作一种热源，还有燃烧的煤炭、木柴等。

材。装运该物品的车辆排气管必须配备阻火装置，禁止使用易产生火花的机械设备和工具装卸。夏季应早晚运输，防止阳光暴晒。中途停留时应远离火种、热源。公路运输时要按规定路线行驶，勿在居民区和人口稠密区停留。铁路运输时要禁止溜放。

此外，操作人员工作前避免饮酒或饮用酒精性饮料，工作现场禁止吸烟。氢气储存场所应有静电导除设施，应加强通风。如果氢气大量泄漏，人员应迅速撤离现场，严防窒息，事故处理人员应戴空气呼吸器；接触液氢应戴防护镜或面罩；穿清洁完好的防静电作业服，并戴手套。如有可能，将漏出气用排风机送至空旷地方或装设适当喷头烧掉。漏气容器要妥善处理，修复、检验后再用。

◎ 氢气使用过程中的注意事项

在生产实践中，由于生产需要，必须在现场（室内）使用气瓶，其数量不得超过5瓶，并应符合下列要求：

（1）室内必须通风良好，保证空气中氢气最高含量不超过1%（体积比）；建筑物顶部或外墙的上部设气窗或排气孔，排气孔应朝向安全地带；室内换气次数每小时不得少于3次，局部通风每小时换气次数不得少于7次。

（2）氢气瓶与盛有易燃、易爆物质及氧化性气体的容器和气瓶的间距不应小于8米，与明火或普通电气设备的间距不应小于10米，与空调装置、空气压缩机和通风设备等吸风口的间距不应小于20米，与其他可燃性气体储存地点的间距不应小于20米。

拓展阅读

空气压缩机

空气压缩机是气源装置中的主体，是一种用以压缩气体的设备。它是将原动机（通常是电动机）的机械能转换成气体压力能的装置，是压缩空气的气压发生装置。

（3）设有固定气瓶的支架。

（4）多层建筑内使用气瓶，除生产特殊需要外，一般宜布置在顶层靠外墙处。

（5）使用气瓶，禁止敲击、碰撞；气瓶不得靠近热源；夏季应防止暴晒。

（6）必须使用专用的减压器，开启气瓶时，操作者应站在阀口的侧后方，动作要轻缓。

（7）阀门或减压器泄漏时，不得继续使用；阀门损坏时，严禁在瓶内有压力的情况下更换阀门。

（8）瓶内气体严禁用尽，应保留 5 000 帕以上的余压。

在生产实践过程中，储存、运输和使用氢气时，一定要严格按照以上所述进行，切不可马虎大意，以免造成不必要的损失或伤害。

4

氢能的特性

　　1986 年，瑞典科学家奥洛夫·戴克斯罗姆作了一个精彩的学术报告，详细介绍了他是怎么用水生产可以开汽车和烧火做饭的燃料的。

　　戴克斯罗姆的这一发明是一个绝妙的能源利用和开发的成果，因为用来分解水的能量取自天然的风力，而水，尤其是海水，可以说是取之不尽的。这样，氢就有了可靠的来源，而且氢燃烧后又变成水，如此循环不已，无疑也是一种理想的能源。它还可能彻底解决有害气体污染大气的环境问题，只要燃烧的是氢，就不会排放二氧化碳、二氧化硫及氮氧化合物等有害气体。因此，世界范围内研究氢能的热潮一浪高过一浪。

高效、无污染的能源

目前，使用较多的能源是石油、天然气和煤等化石燃料，然而这些能源都具有不可再生性。毋庸置疑，随着化石燃料耗量的日益增加，在未来的某一天，石油、天然气和煤等将会被用完。这就迫切需要寻找一种不依赖化石燃料、储量丰富的新的能源。氢能就是这种能源之一。

氢是一种高效燃料，每千克氢燃烧所产生的能量为33.6千瓦/小时，几乎等于汽油燃烧的3倍。氢气燃烧不仅热值高，而且火焰传播速度快，点火能量低，所以氢能汽车比汽油汽车总的燃料利用效率高20%。此外，氢还

可以使汽油的燃烧效率得到提高。实验表明，只要在汽油中加入4%的氢气，就可使内燃机节油40%。氢燃烧的主要生成物是水，只有极少的氮氧化物，绝对没有汽油燃烧时产生的一氧化碳、二氧化碳和二氧化硫等污染环境的有害成分。由此可见，氢是一种高效的燃料，也是一种零污染的能源。

理想且永恒的能源

氢能是人类永恒的能源，也是人类理想的能源。那么，为什么氢将是人类未来的永恒的能源？概括地说，氢能具备成为永恒的能源的特点，而这是其他能源所没有的。

氢的资源丰富。地球上的氢主要以其化合物如水（H_2O）、甲烷（CH_4）、氨（NH_3）、烃类（C_nH_m）等形式存在。而水是地球上的主要资源，地球表面的71%左右被水覆盖；即使在大陆上，也有丰富的地表水和地下水。水就是地球上无处不在的"氢矿"。

氢能具备成为永恒的能源的特点如下：

（1）氢的来源多样

可以通过各种一次能源（如天然气、煤、煤层气），也可以通过可再生能源［如太阳能、风能、生物质能、海洋能、地热能等，或者二次能源（如电能）］来开采"氢矿"。地球各处都有可再生能源，而不像化石燃料有很强的地域性。此外，氢不但存在于水中，在工业副产品中也含有丰富的氢。据统计，我国在合成氨工业中氢的年回收量可达14亿立方米；在氯碱工业中有0.87亿立方米的氢可供回收利用。另外，在冶金工业、发酵制酒厂及丁醇溶剂厂等生产过程中都有大量氢可回收。上述各类工业副产氢的可回收总量估计可达15亿立方米以上。由此看来，氢能是用不完的，完全可以满足人类对能源的需求。

 广角镜

地热能

地热能是由地壳抽取的天然热能，这种能量来自地球内部的熔岩，并以热力形式存在，是引致火山爆发及地震的能量。

（2）氢能的环保性

利用低温燃料电池，由电化学反应将氢转化为电能和水。不会排放二氧化碳和氮氧化合物，没有任何污染。使用氢燃料内燃机，也是显著减少污染的有效方法。

（3）氢气的可储存性

就像天然气一样，氢可以很容易地大规模储存。这是氢能与电、热最大的不同。可再生能源的地域不稳定性，可以用氢的形式来弥补，即将可再生能源制成氢储存起来。

（4）氢的可再生性

氢由化学反应发出电能（或热）并生成水，而水又可由电解转化为氢和氧；如此循环，永无止境。也就是说，地球上不但存在储量丰富的水，而且氢在燃烧的过程中又能够生成水，因而，水可以再生。就这样循环下去，氢能资源可以说是取之不尽、用之不竭的。并且这种循环完全符合大自然的循环规律，不会破坏大自然的生态平衡。

（5）氢的"和平"性

氢既可再生又来源广泛，每个国家都有丰富的"氢矿"。化石能源分布极不均匀，常常引起激烈争论甚至战争。例如，中东是世界石油最大产地，也是一些国家必争之地。从历史上看，为了中东石油已发生过多次战争。

（6）氢能的安全性

每种能源载体都有其物理、化学、技术性的特有的安全问题。氢在空气中的扩散能力很强，因此，氢泄漏或燃烧时能很快垂直上升到空气中并扩散。因为氢本身不具（放射）毒性及放射性，所以不会有长期的未知范围的后继伤害。氢也不会产生温室效应。现在已经有整套的氢安全传感设备。

基本小知识

温室效应

　　温室效应又称花房效应，是大气保温效应的俗称。大气能使太阳短波辐射到达地面，但地表受热后向外放出的长波热辐射却被大气吸收，这样就使地表与低层大气温度增高，因其作用类似于栽培农作物的温室，故名温室效应。

　　目前，用管道、油船、火车以及卡车运输气态或液态氢；用高压瓶或高压容器以氢化金属或液氢的形式储氢以及氢的填充和释放都处于工业化阶段。在德国的慕尼黑，一个机器人液体氢加氢站已经开始运行，在德国的汉堡也在运行着一个气氢加氢站。

　　此外，可控核聚变的原料是氢同位素。从长远看，人类的能源将来自可控核聚变和可再生能源，而它们都与氢密不可分。

可控核聚变

　　可控核聚变是指可控的、能够持续进行的核聚变反应。在地球上建造的像太阳那样进行可控核反应的装置，称为"人造太阳"。可控核聚变的目标是实现安全、持续、平稳的能量输出，其潜在优势使其成为最理想的终极能源形式之一。

　　由于氢具有以上特点，所以氢能可以永远、无限期地同时满足资源、环境和可持续发展的要求，成为人类永恒的能源，又因为它是高效率、无污染的能源，因此，氢能也是人类的理想能源。

CHAPTER

5

氢能的用途

　　随着经济的迅速发展和人口的不断增长，毫无疑问，人类社会对能源的需求量也将会越来越大。目前，化石能源短缺，能源的可持续发展成为一个不可忽视的问题。而氢能是一种高效率、无污染的能源，并且是一种永恒的能源。因此，世界各国越来越重视氢能的用途。

天上地下——作为燃料

氢能作为一种特殊的能源，已显露出它的独特风韵，尤其是氢用作燃料能源的优点，在对重量十分敏感的航天、航空领域，显得格外突出；在轮船、汽车和机车使用方面，也已初显锋芒。

◎ 航天方面

对于航天飞机来说，减轻燃料自重、增加有效载荷非常重要，而氢的能量密度很高，可以代替汽油燃料，这对航天飞机无疑是极为有利的。以氢作为发动机的推进剂、以氧作为氧化剂组成化学燃料，把液氢装在外部推进剂桶内，每次发射需用 1 450 立方米，约 100 吨，这就能够节省 2/3 的起飞重量，从而也就满足了航天飞机起飞时所必需的基本燃料的需求了。

基本小知识

氧化剂

氧化剂是氧化还原反应里得到电子或有电子对偏向的物质，也就是由高价变到低价的物质。氧化剂从还原剂处得到电子，自身被还原变成还原产物。氧化剂和还原剂是相互依存的。氧化剂在反应里表现氧化性。

氢作为航天动力燃料的时间，可追溯到 1960 年，液氢首次成为太空火箭的燃料。到 20 世纪 70 年代，美国发射的"阿波罗号"飞船使用的起飞火箭燃料也是液态氢。美国和苏联等航天大国，还将氢氧燃料电池作为空间站的电源广泛应用。今后，氢将更会是航天飞机必不可少的动力燃料。

◎ 航空方面

氢作为动力燃料也已经开始飞上飞机试飞航线。1989 年 4 月，苏联用一架图－155 运输客机改装的氢能燃料实验飞机开始试飞，这架飞机将图－154 原型机尾部一台右侧发动机改装成液态氢燃料发动机，最终试飞成功，这使人类应用氢能源迈出了成功的一步。

◎ 航海方面

氢作为燃料，在船舶上的

以液氢为燃料的土星号运载火箭

应用研究落后于飞机和汽车方面，但是它在航海方面的应用也得到了重视。至少有两个方案被证实，它们是氢燃料电池为船舶提供电能和推动力的研究。一个方案是在爱尔兰，计划建立国家氢燃料经济以取代国家依赖于原油进口。这个计划的一个重要目标是把渔船改装成燃料电池渔船，因为捕鱼业在爱尔兰经济中占有重要的地位。另一个方案是组建一个高科技联盟——海上氢能技术研究会，希望能加速氢燃料电池的使用，以期替代内燃机在不同大小的水运工具上的使用。该研究会的第一个方案是氢动力船只的操作和研究，由在夏威夷的太平洋舰队来进行。另一个潜在的应用是在 2003 年，一艘携有氢燃料电池的 18 个座位的水上游艇在旧金山进行水上验证，发动机使用燃料电池和化学电池的电混合引擎。美国海军研究办公室也正在研究其在海运上的应用，他们使用燃料电池技术发展推动力系统来提高未来船只的电能产生效率和较大设计弹性。美国海军研究办公室投资了一种通过柴油重整制氢方法的方案，他们期望燃料电池系统能够有37%～52%的效能。相比较而言，美国海军舰艇上燃气轮机的效率为16%～18%，通常运行于低速到中速，在这种情况下不需要发电机峰值使用。

近些年，氢作为燃料，在航海领域的应用越来越受到重视，其技术也在不断进步。

◎ 汽车应用方面

在汽车应用方面，氢的应用成效更加显著。如德国奔驰汽车已有数辆进行了试用；德国还展出了一种用氢能运转的5升宝马系列汽车，这标志着氢能的利用有了良好的开端。

你知道吗？

氢能汽车

氢能汽车是以氢为主要能源的汽车，将氢反应所产生的化学能转化为机械能，以推动车辆前行。2021年7月，世界首辆无人驾驶氢能源乘用车亮相。

日本马自达公司也试制了氢能汽车，它利用计算机控制氢泵和管道阀门，使液氢的温度在发动机点火之前始终保持在－253℃，行驶时，时速可达125千米；英国汽车公司已投资1100万英镑，开发氢能汽车。日本在研制氢燃料汽车的新型火花点火式发动机上取得了成功，使氢燃料消耗量降低，保证每升液氢可行驶3千米，每一次充填液氢燃料，可连续行驶300千米，为氢燃料汽车向实用化迈出第一步奠定了重要的基础。储氢合金技术本来是由美国率先倡导的，然而日本却捷足先登，将其应用在汽车领域里，并处于世界领先地位。

2011 年，位于广东佛山的广顺新能源参与建设燃料电池及氢源技术国家工程研究中心华南中心，开启了中国最早探索氢能产业的道路。根据资料显示，截至 2020 年 4 月，佛山市已经成功开通了 15 条燃料电池公交车线路，并投放了大约 700 辆燃料电池公交车。此外，佛山市还在全市范围内投放了超过 450 辆燃料电池物流车，同时引入了 5 列燃料电池有轨电车和 3 辆燃料电池客车。

在 2018 年，东风公司主导了国家重点研发项目，即《全功率燃料电池乘用车动力系统平台及整车开发》。其成果是推出了国内首款全功率燃料电池车——东风氢舟 e·H₂，这款车在 -30℃ 的严寒环境中也能迅速启动。据科技部高技术研究发展中心评价，这款车的整车性能已达到国内领先、国际先进水平。

在 2022 年北京冬奥会期间，212 辆氢燃料电池公交车作为示范应用投入运营。这些公交车在冬奥会结束后，于 2022 年 7 月转为城市公交，主要在延庆区、房山区及两区至中心城区的接驳场景运营。截至 2023 年 8 月底，这些公交车的累计行驶里程已超过 8 万千米，其运行表现已接近同场景、同级别的燃油或纯电动公交。尽管 2021 年中国氢燃料电池车的保有量仅为 9 000 辆，但据中国汽车工程学会预测，到 2035 年，氢燃料电池汽车的保有量有望达到 100 万辆左右。

方便快捷——用于发电

氢能的用途很广泛，除了上文所说的用作燃料以外，也能用于发电，这主要通过燃烧氢的方式来实现。目前，各种大型发电站，无论是水电、火电还是核电，都是把发出的电送往电网，再由电网输送给用户。但是，由于终端用电户的负荷不同，电网输电有时是高峰，有时是低谷。在用电高峰时期，经常会出现"电荒"，电力供不应求；在用电低谷时期，发出的电还有剩余。

为了调节峰荷，电网中常常需要启动既快又灵活的发电站，而氢能发电最适合扮演这个角色。利用氢气和氧气燃烧，组成氢氧发电机组。这种机组是火箭型内燃发动机配以发电机，结构简单，维修方便，启动迅速，要开即开，要停即停，不需要复杂的蒸汽锅炉系统。在电网低负荷时，还可吸收多余的电来进行电解水，生产氢和氧，以备高峰时发电用。这种调节作用对于电网运行是非常有利的。

另外，氢和氧还可以直接改变常规火力发电机组的运行情况，提高电站的发电能力。例如，氢氧燃烧组成磁流体发电，利用液氢冷却发电装置，进而提高机组功率等。更新的氢能发电方式是氢燃料电池，这是利用氢和氧直接经过电化学反应而产生电能的装置。换句话说，就是水电解槽产生氢和氧的逆反应。

燃料电池理想的燃料是氢气，因为它是电解制氢的逆反应。燃料电池的主要用途除了建立固定电站外，还特别适合作移动电源和车船的动力，因此它也是今后氢能利用的"孪生兄弟"。

核聚变

释放核能主要有两种形式，一种是重核的裂变，另一种是轻核的聚变。利用核裂变原理，人们已经制造出了原子弹，还建成了各式各样的原子核反应堆，成功地将核裂变释放的巨大能量转变为电能，这就是核电站；利用核聚变原理，人们已经制造出了比原子弹威力更大的氢弹。

基本小知识

核裂变

核裂变又称核分裂，是指由重的原子核，主要是指铀核或钍核，分裂成较轻的原子的一种核反应形式。原子弹或核能发电厂的能量来源都是核裂变。

◎ **核聚变定义**

核聚变是指由质量小的原子，主要是氢的同位素——氘或氚，在一定的条件下（如超高温和高压），发生原子核互相聚合作用，生成新的质量更重的原子核，并伴随着巨大的能量释放的一种核反应形式。

核聚变的过程与核裂变的过程相反，它是轻原子核聚合成一个较重原子核的过程，而且比核裂变释放的能量更大。只有较轻的原子核才能发生核聚变反应。太阳内部连续进行着氢聚变成氦的过程，它的光和热就是由核聚变产生的。

目前，人类已经能够实现不受控制的核聚变，如前面所说的氢弹的爆炸。但是要想使核聚变释放出的巨大能量可以被人类有效利用，就必须对核聚变实行人工控制，使其按照人们的需要有序地进行，这就是接下来要谈的可控核聚变。

◎ **可控核聚变**

可控核聚变是指在人为可控制的条件下将轻原子核聚合成较重的原子核，同时释放出巨大能量的一种核反应过程。能够进行核聚变的反应有很多，如氘和氚、氘和氦等反应，但难易程度不同。人类研讨可控核聚变已经有 70 多年的历史了，虽然取得了不少进展，但离实用化还有很长的路要走。

可控核聚变具有极其诱人的前景，这主要因为核聚变不仅能够释放出巨大的能量，而且核聚变所需要的原料——氢的同位素氘可以从海水中提取。氘在海水中大量存在，海水中大约每 600 个氢原子中就有 1 个氘原子，每升海水中含有 0.03 克氘，所以地球上仅在海水中就有 45 万亿吨氘。经过核聚变，1 升海水中所含的氘可提供相当于 300 升汽油燃烧后释放的能量。地球上的海水可以说是取之不尽的，因此，如果可控核聚变能够获得成功，将可以从根本上满足人类的能源需求。

可控核聚变需要的条件非常苛刻，它需要在高达 1 亿摄氏度的高温下才能进行。太阳就是靠核聚变反应来给太阳系带来光和热的，其中心温度达到 1 500 万摄氏度，另外还要有巨大的压力才能使核聚变正常反应。而地球上没办法获得巨大的压力，只能通过提高温度来弥补，即便是这样，温度也要能达到上亿摄氏度才行。核聚变如此高的温度没有一种固体物质能够承受，只能靠强大的磁场来约束。此外，这么高的温度，核反应点火也成为问题。2022 年 10 月，人类在核聚变领域再次取得重大突破，美国"人造太阳"成功点火 2 次，至此，美国科学家成功将点火次数增至 4 次。2023 年 4 月 12 日，中国有"人造太阳"之称的全超导托卡马克核聚变实验装置（EAST），在稳态高约束模式下，等离子体成功稳定运行 403 秒，创造了新的世界纪录，向可控核聚变实现发电迈出坚实一步，为国际热核聚变堆（ITER）运行和我国自主建设运行聚变堆提供了重要的实验基础。

◎ 核聚变的优缺点

事物都是一分为二的，核聚变当然也不例外，它既有很大的优势，也存在着一定的不足。

它的优点主要表现如下：

（1）释放的能量比核裂变更大。

（2）无高端核废料。

（3）不会对环境构成大的污染，而且反应过程容易控制，核事故风险极低。

（4）燃料供应充足。

（5）无法用作核武器材料，也就没有了政治干涉。

它的缺点主要是反应条件苛刻，技术要求非常高。

要使核聚变发电厂投入商业运营，可控核聚变发电广泛造福人类，还有很长的路要走。

氢　弹

◎ 氢弹概述

氢弹又称为聚变武器或热核武器，是核武器的一种，是利用原子弹爆炸的能量点燃氢的同位素氘、氚等轻原子核的聚变反应，瞬时释放出巨大能量并形成爆炸，具有大规模杀伤破坏性的核武器。

氢弹的杀伤破坏因素与原子弹相同，但威力比原子弹大得多。原子弹的威力通常为几百至几万吨级 TNT 当量（TNT 当量是指核爆炸时所释放的能量相当于多少吨 TNT 炸药爆炸所释放的能量），氢弹的威力则可大至几千万吨级 TNT 当量，且理论上无上限。还可以通过设计增强或减弱其某些杀伤破坏因素，其战术技术性能比原子弹更好，用途也更广泛。

1942 年，美国科学家在研制原子弹的过程中，推断原子弹爆炸提供的能量有可能点燃氢核，引起聚变反应，并想以此来制造一种威力比原子弹更大的超级弹。1952 年 11 月 1 日，美国进行了世界上首次氢弹原理试验。1955 年 11 月 22 日，苏联进行了氢弹空投试验。从 20 世纪 50 年代初至 60 年代后期，美国、苏联、英国、中国和法国都相继成功研制氢弹，并装备部队。

三相弹也称氢铀弹，是目前装备得最多的一种氢弹，它的特点是威力和比威力（核弹头威力与核弹头质量的比值）都较大。其放能过程为"裂变—聚变—裂变"三阶段，裂变当量所占的份额相当高。一颗威力为几百万吨 TNT 当量的三相弹，裂变份额一般在 50% 左右，放射性沾染较严重，所以有时也称之为"脏弹"。

氢弹具有巨大杀伤破坏威力，它在战略上具有非常重要的作用。对氢弹的研究与改进主要在 3 个方面：①提高比威力和使之小型化；②提高突防能力、生存能力和安全性能；③研制各种特殊性能的氢弹。

氢弹的运载工具一般是导弹或飞机。为使武器系统具有良好的作战性能，要求氢弹自身的体积小、重量轻、威力大。因此，比威力的大小是氢弹技术水平高低的重要标志。当基本结构相同时，氢弹的比威力随其重量的增加而增加。20 世纪 60 年代中期，大型氢弹的比威力已达到了很高的水平。小型氢弹则经过了 20 世纪 60 年代和 70 年代的发展，比威力也有较大幅度的提高。但一般认为，无论是大型氢弹还是小型氢弹，它们的比威力似乎都已接近极限。在实战条件下，氢弹必须在核战争环境中具有生存能力和突防能力。因此，对氢弹进行抗核加固是一个重要的研究课题。此外，还必须采取措施，确保氢弹在贮存、运输和使用过程中的安全。

在某些战争场合，需要使用具有特殊性能的武器。至 20 世纪 80 年代初，一些国家已研制出一些能增强或减弱某种杀伤破坏因素的特殊氢弹，如中子弹、减少剩余放射性武器等。从总的趋势来看，对氢弹的研究，更多的注意力可能会转向特殊性能武器方面。

广角镜

中子弹

中子弹是一种以高能中子辐射为主要杀伤力的低当量小型氢弹，具有核辐射效应强、爆炸威力低、放射性沾染轻等特点。它对人有杀伤作用，对建筑物和设施破坏很小，也不会带来长期放射性沾染。尽管它从来未曾在实战中使用过，但军事家仍将之称为战场上的"战神"——一种具有核武器威力而又可用的战术武器。

氢弹比原子弹优越的地方如下：

（1）单位杀伤面积的成本低。

（2）自然界中氢和锂的储藏量比铀和钍的储藏量大得多。

（3）所需的核原料实际上没有上限值，这就能制造 TNT 当量相当大的氢弹。

◎ 氢弹的缺点

氢弹的缺点主要体现在以下 3 个方面：

（1）在战术使用上有某种程度上的困难。

（2）含有氚的氢弹不能长期贮存，因为这种同位素能自发进行放射性蜕变。

（3）热核武器的载具，以及储存这种武器的仓库等，都必须要有非常可靠的防护。

在历史上，轻核的聚变反应实际上比重核的裂变现象还要发现得早，但氢弹却比原子弹出现得晚，第一颗氢弹在 1952 年才试制成功，而可控制的聚变反应堆由于障碍重重，至今仍是科学技术上尚未解决的一个重大问题，原因是实现轻核聚变反应的条件比实现重核裂变的条件要困难得多。

重核裂变

知识小链接

　　重原子核分裂成两个（少数情况下，可分裂成 3 个或多个）质量相近的轻原子核的现象称为核裂变，如铀核裂变。重原子核的三分裂和四分裂是我国物理学家钱三强和他夫人何泽慧首先发现的，在物理学界引起了很大反响，并由此而引发了一系列的研究。

◎ 当前发展氢弹的重点

　　如何使氢弹威力增加，以及如何使弹径及重量减少是当前发展氢弹的重点。目前核弹进行试爆，威力是不小，但是要缩小它的体积及重量就没有那么简单了。其中，最令人注目的理论是集中雷射使氢弹引爆，这类炸弹可以变得很小，因为它不需原子弹的部分。新式氢弹的原理一直没有公开。1956 年 5 月，美国宣称已能制造小型热核武器，其体积小到可以装在战机使用的飞弹内，也可用飞机空投或放在无人机上，甚至使用在短、中、远程弹道飞弹上。

　　探索新原理，研究新的热核材料，用雷射来引爆氢弹，使氢弹可达到真正意义上的"干净"。热核武器中除使用氘化锂和一定数量的氚化锂外，还含有少量的氚，以加速热核反应。美国的氚年产量较大，但氚会衰变，需要定期替换，所以大部分氚除了用来维持核武库贮备，只能有一小部分用于制造新武器。因此，除了设法增加氚的生产外，俄罗斯和美国都在研究新的热核材料。据报导，美国已经掌握了几种特殊聚变材料。多年来，俄罗斯和美国也展开了对超钚元素的研究，这种元素可用来制造微型核武器，但是获取这种材料是十分困难的，而且费用高昂。

◎ 氢弹的研制历史沿革

氢弹的研制是在第二次世界大战末期开始的。1945 年，世界上第一颗原子弹试爆成功，因为它能产生上千万摄氏度的超高温，所以为日后研制氢弹开创了条件。美国在研制氢弹初期，经过了多次试验都没有成功。1950 年以后，美国又重新开始试验，并且利用电脑对热核反应的条件进行了大量计算之后，证明在钚弹爆炸时所产生的高温下，热核原料的氘和氚混合物确实有可能开始聚变反应。为了验证这些结论，他们曾经准备了少量的氘和氚装在钚弹内进行试验，结果测得这颗钚弹爆炸时产生的中子数大大增加，这说明了其中的氘、氚确实有一部分会进行热核反应。于是在这次试验后，美国加紧了制造氢弹的工作，终于在 1952 年 11 月 1 日，在太平洋上进行了第一次氢弹试验。当时所用的氢弹重 65 吨，体积非常庞大，没有实战价值。直到 1954 年，用固态的氘化锂替代液态的氘、氚作为热核装料之后，才缩小了体积、减轻了重量，制出了可用于实战的氢弹。

随着科学技术的发展，氢弹与洲际弹道导弹的结合为现代世界带来了以暴制暴的恐怖和平，使得人类进入按钮战争的时代，任何一个核强国在战争中使用氢弹，也就意味着世界末日的来临。到目前为止，所有被制造出的氢弹当中，威力最大的是由苏联所制造的、TNT 当量为 5 千万吨的超大型氢弹，但因为其过于笨重及庞大，难以搬运，欠缺实用性，因此早已退役。

基本小知识

核按钮

核按钮是指用于启动核武器密码开关装置的系统。它是一种特殊的通信工具，敌方无法干扰或切断它的信号，通常由国家最高领导人掌握。

◎ 衡量核武器发展水平的标准

一般来说，衡量核武器发展水平高低的标准有 4 个：威力比、核原料利用率、干净化程度和突防能力。

（1）威力比

所谓威力比，是指每千克重的核弹所产生的爆炸威力，即爆炸的总当量与核武器质量之比，它是衡量核武器发展水平的一项极其重要的指标。从威力比的大小，可以看出核武器小型化的水平。目前，俄罗斯和美国在百万吨当量以上的核武器，它们的威力比水平约为每千克弹头达到 2 500 吨 ~ 5 000 吨当量，20 万 ~ 100 万吨当量的核武器威力比水平为每千克弹头 2 200 吨 ~ 2 500 吨当量。

与威力比有关的另一个问题是分导式多弹头战略导弹的大力发展。由于多弹头增加了额外的结构重量，所以威力比会相对应地降低，弹头数目越多，下降的幅度越大。目前，俄罗斯和美国都在加紧进行地下核试验，改进核弹头的质量，使其不断地小型化，进一步提高威力比。但不管怎么改进，如果还是采用铀 235 和钚 239 作为核原料的话，那么它的威力比就不能像过去那样大幅度地增长。

（2）核原料利用率

核原料的利用率反映了核武器的技术水平。它是指在核爆的时候，核弹中有多少核原料产生裂变链式反应而释放了能量，有多少核原料没有产生裂变链式反应而被核弹中的炸药炸散。随着科学技术的发展，核原料的利用率有了很大的提高，有的已经提高到25%以上，比以前提高了5倍左右。近年来在新型核武器中，核原料利用率又有新的提高，但是要达到100%几乎是不可能的事。

（3）干净化程度

所谓干净化程度，是指核武器在爆炸时总

广角镜

裂变链式反应

裂变链式反应是指以中子为媒介而维持的自持裂变反应。例如，铀235原子核在吸收一个中子后发生裂变，同时平均放出2~3个中子，除去损耗，如果还有一个中子能引起另一个铀235原子核发生裂变，则可使裂变自持地进行下去。仅仅一个核裂变释放的能量只有3.4×10^{-11}J，与通常所使用的能量相比是微不足道的。

能量中裂变能和聚变能所占的比重。由于现在的氢弹必须依赖原子弹来引爆，所以必然会产生大量的放射性裂变物质，根本谈不上什么干净。俄罗斯和美国自称已经拥有了所谓的干净氢弹，实际上只是在氢弹爆炸的时候相对地增加了聚变的比重，减少了裂变的比重，使得放射性裂变产物相对地减少了。

（4）突防能力

突防能力也是衡量核武器水平高低的一项标准，它主要是指核武器本身突破敌方各种防御措施的能力。例如，把单弹头发展到多弹头，就是提高核武突防能力的有效手段之一。另外，由于反弹道导弹武器的出现，人们正利用X射线、γ射线、中子、β粒子、电磁脉冲以及雷射和粒子束武器等来对付攻击性核武器，这迫使核武器必须具有相对应的对抗能力，也就是所说的突防能力。对核武器各种部件的薄弱环节进行强化，就是抵抗那些敌方防御手段的有效办法。

目前，俄罗斯和美国都在积极发展新的核原料和各种新型号的核弹头，使核武器不断地小型化。随着核弹头小型化的发展，分导式导弹携带的核弹头越来越多，进一步提高了核武器的威力。氢弹是现代战略核武器的主力，氢弹被个别国家掌握时曾对其他国家起着核威慑的作用，当个别国家

广角镜

放射性污染

在自然界和人工生产的元素中，有一些能自动发生衰变，并放射出肉眼看不见的射线。这些元素统称为放射性元素或放射性物质。在自然状态下，来自宇宙的射线和地球环境本身的放射性元素一般不会给生物带来危害。

氢弹制造技术的垄断被打破以后，核武器就成为人类保持政治、军事和经济稳定的手段。氢弹作为战略核武器还在向小型化、定向化方向进一步发展，这种核武器在和平时期具有新的安全参数，而在战时则能有效并可靠地摧毁目标。氢弹一方面对全球的放射性污染仅为现有核武器的数百分之一；而另一方面，它能摧毁敌方在外层空间和地面的目标，引起世界各国人们的恐惧。

◎ 从原子弹爆炸到氢弹实验所用时间

从第一颗原子弹试验成功到第一颗氢弹试验成功，美国用了7年零3个月，英国用了4年零7个月，苏联用了6年零3个月，法国用了8年零6个月，而中国只用了2年零8个月。

1952年11月1日，在太平洋埃尼威托克岛上第一颗氢弹试验成功。这是把相对论运用到原子核物理学，从而使原子能的释放成为现实。

基于相对论的结论可以断定，在最重的原子核发生核反应时，即大量质子和中子组成的重核分裂为较小的核时，就释放出能量。

◎ 可控核聚变技术的进展

现在核聚变技术的成熟应用就是氢弹。不过基于核聚变技术可以产生巨大的能量，很多国家包括中国都在积极研究可控核聚变技术，即实现人工控制核聚变，使它用来发电，就像裂变一样。但是也正因为核聚变的能量太大了，使它极不受控制。1985 年，由苏联和美国领导人提出了国际热核聚变实验堆计划（ITER），主要由 7 个成员资助和运

行，目标是探索核聚变在科学和工程技术上的可行性，实现和平利用核聚变能。2023 年，中国"人造太阳"（EAST）成功实现 403 秒稳态高约束模式等离子体运行，刷新世界新纪录。

◎ 氢弹之父——爱德华·特勒

爱德华·特勒于 1908 年 1 月 15 日出生于匈牙利首都布达佩斯的一个犹太家庭，父亲是一名律师，母亲是一位钢琴家。与爱因斯坦一样，将近两岁才张口说话的特勒在小学就显露出超人的数学才能。苦于父亲的压力，特勒在德国莱比锡大学学习的是物理，但他从来没有放弃对数学的钻研。1930 年，特勒获得了莱比锡大学的物理博士学位，并在德国的一所大学任教。

1935 年，由于纳粹势力甚嚣尘上，特勒和妻子米奇被迫离开德国前往美国，在乔治华盛顿大学任教。

1939 年，特勒和其他两名资深核物理学家一起，竭力支持爱因斯坦向当时的美国总统富兰克林·罗斯福写信，说明研制开发原子弹的必要性。在白宫的授意下，由著名核物理学家、"原子弹之父"奥本海默牵头，在新墨西哥州的洛斯阿拉莫斯成立秘密实验室，研制原子弹。1943 年，特勒加入了奥本海默制造原子弹的"曼哈顿计划"，并成为该计划的主要研究人员之一。1945 年 7 月 16 日，世界上第一颗原子弹在新墨西哥州试爆成功。

1949 年，当苏联研制成功第一颗原子弹之后，特勒力促当时的美国总统杜鲁门加快氢弹的研究。他也因此重返洛斯阿拉莫斯实验室，全力以赴投入到氢弹的研制工作中去。1952 年 11 月 1 日，世界上第一个热核聚变装置在太平洋上的埃尼威托克岛爆炸成功。特勒名副其实地成为了"氢弹之父"。

与此同时，特勒又说服政府在 1952 年成立了第二个核武器实验室——劳伦斯利弗莫尔国家实验室，他首先出任顾问，于 1954 年出任副所长，1958 年到 1960 年出任所长。在此之后他一直在那里担任顾问，直到 1975 年退休。

在劳伦斯利弗莫尔实验室任职期间，他首次公开批评主持"曼哈顿计划"的奥本海默，认为他当时提出的氢弹研制计划进展太慢，以至于让苏联后来居上。之后他又受聘于胡佛研究所担任顾问。他制造更具威力核弹的雄心壮志，遭到了主张集中精力制造原子弹的奥本海默的反对。两人的交恶从此开始。

特勒对于国防的特殊情结，源于其早年在匈牙利纳粹时期的亲身经历。他的这种情结并没有随着氢弹的研发成功而消退。到了 20 世纪 80 年代，特勒又意识到了世界各国弹道导弹的威胁，因此他向当时的里根政府提出了旨在防御突发导弹袭击的"星球大战计划"，

从而再次深远地影响了美
国的国防政策，他也因此
被称为"冷战卫士"。

爱德华·特勒不仅是
美国的"氢弹之父"，也
是名副其实的世界"氢弹
之父"。虽然氢弹爆炸成
功是当时美国和苏联两个
超级大国相互进行军备竞

弹道导弹

你知道吗？

弹道导弹是指导弹发射后，
以火箭发动机为动力，按预先规
划的轨迹飞行，关机后主要按自
由抛物体轨迹、滑翔弹道飞向目
标的导弹。按射程可分为洲际弹
道导弹、远程弹道导弹、中程弹
道导弹和近程弹道导弹。

赛的产物，也给人类带来了严重而深刻的和平危机，但是，它无疑
是人类科学和技术巨大进步的标志性产物。氢弹的成功试验，宣告
了人类能够利用轻核能源时代的到来，尽管还不是完全可控的热核
聚变利用方式。

同时，我们也可以从氢弹的试制成功看到，科学技术的进步能
够快速推动人类文明的进步，也能够毁灭人类的一切文明。核武器
始终是悬挂在人类头顶上的一把双刃剑。我们在关注科学技术进步
的同时，也应当同样关切人类自身的命运和发展。

◎ 中国氢弹之父

于敏于 1926 年 8 月 16 日生于河北省宁河县芦台镇（今属天津
市），是一名共产党员，也是核物理学家、中国科学院院士，被称
为"国产土专家""中国的氢弹之父"。

于敏的父亲是一名小职员，母亲出生于普通百姓家庭。于敏 7
岁时开始在芦台镇上小学。中学先就读于天津木斋中学，后转学到
天津耀华中学。

1944 年，于敏考上了北京大学工学院。但是后来他发现，工学
院的老师只是把知识告诉学生，根本不告诉学生这些知识的根源，

这使于敏很快就失去了兴趣。1946年，他转入了理学院去学物理，并将自己的专业方向定为理论物理。

理论物理

理论物理是从理论上探索自然界未知的物质结构、相互作用和物质运动的基本规律的学科。理论物理的研究领域涉及粒子物理与原子核物理、统计物理、凝聚态物理、宇宙学等，几乎包括物理学所有分支的基本理论问题。

1949年，于敏本科毕业后，考取了张宗燧先生的研究生。张先生生病后，指导他学业的便是胡宁教授。他的学术论文就是在胡宁教授的指导下完成的。后来，于敏被彭桓武、钱三强调到了中科院近代物理研究所。

该所是1950年成立的，当时由钱三强任所长，王淦昌和彭桓武任副所长。当时我国科学界一片空白，他们高瞻远瞩，创建了新中国第一个核科学技术研究基地。

由于于敏在原子核理论物理研究方面取得的进展，1955年，他被授予"全国青年社会主义建设积极分子"的称号。1956年晋升为副研究员。1957年，以朝永振一郎（后获诺贝尔物理奖）为团长的日本原子核物理和场论方面的访华代表团来华访问，年轻的于敏参加了接待。于敏的才华给对方留下了深刻的印象，他们回国后，发表文章称于敏为中国的"国产土专家一号"。对此于敏有自己的见解，他说："'土专家'不足为法。科学需要开放，应该学习西方先进的科学技术。只有在大的学术气氛中，互相启发，才利于人才的成长。现在的环境已有很好的条件了。"

经过长期的努力，于敏对原子核理论的发展形成了自己的思路。他把原子核理论分为3个层次，即实验现象和规律、唯象理论和理论基础。在平均场独立粒子方面作出了令人瞩目的贡献。

基本小知识

唯象理论

唯象理论通常指描述和概括有限领域实验事实的理论，但是无法用已有的科学理论体系作出解释，所以钱学森说唯象理论就是"知其然，不知其所以然"。如力学中的自由落体定律、电学中的欧姆定律等。

于敏于 1960 年底开始从事核武器理论研究。1965 年调入二机部第九研究院，历任理论部副主任，理论研究所副所长、所长，研究院副院长，院科技委副主任及院高级科学顾问等职。

于敏在氢弹原理突破中解决了热核武器物理中一系列基础问题，提出了从原理到构形基本完整的设想。后来长期领导并参加核武器的理论研究、设计，解决了大量关键性的理论问题。从 20 世纪 70 年代起，他在倡导、推动若干高科技项目研究中，发挥了举足轻重的作用。

于敏是一位神秘人物，曾经"隐身"近 30 年之久，直到 1988 年他的名字才得以解禁。1999 年 9 月 18 日，在中央军委表彰为研制"两弹一星"作出突出贡献的科技专家大会上，他第一个被授予"两弹一星"功勋奖章，并代表科学家发言。

在我国研制第一颗原子弹尚未成功时，有关部门就已作出部署，要求氢弹的理论探索先行一步。1960 年年底，钱三强找于敏谈话，让他参加氢弹原理研究，于敏毫不犹豫地答应了。在钱三强的组织下，以于敏等为主的一群年轻科学工作者，悄悄地开始了氢弹技术的理论探索。他的一位老同事曾说，这次从基础研究转向氢弹研究工作，对于敏个人而言，是很大的损失。于敏生性喜欢做基础研究，当时已经很有成绩，而核武器研究不仅任务重、集体性强，而且意味着他必须放弃光明的学术前途，隐姓埋名，长年奔波。

于是，于敏开始涉足深奥的核理论研究工作。当时国内很少有人熟悉原子能理论，是钱三强、王淦昌、彭桓武和于敏等创建了新中国第一个核科学技术研究基地。于敏没有出过国，在研制核武器的权威物理学家中，他几乎是唯一一个未曾留过学的人，但是这并没有妨碍他站在世界科技的高峰。彭桓武说："于敏的工作完全是靠自己，他没有老师，因为国内当时没有人熟悉原子核理论，他是开创性的，是出类拔萃的人，是国际一流的科学家。"钱三强称，于敏的工作"填补了我国原子核理论的空白"。

于敏几乎从一张白纸开始，拼命学习，拼命地汲取国外的信息，在当时遭受重重封锁的情况下，他只有依靠自己的勤奋，举一反三进行理论探索。从原子弹到氢弹，按照突破原理试验的时间比较，美国用了7年零3个月，英国用了4年零7个月，法国用了8年零6个月，苏联用了6年零3个月。耗时之长的一个主要原因就在于计算的繁复。而当时中国的设备更无法可比，国内仅有一台每秒万次的电子管计算机，并且95%的时间分配给有关原子弹的计算，只剩下5%的时间留给于敏负责的氢弹设计。于敏记忆力惊人，他领导下的工作组人手一把计算尺，废寝忘食地计算。一篇又一篇的论文交到了钱三强的手里，一个又一个未知的领域被攻克。4年中，于敏、黄祖洽等科技人员提出研究成果报告69篇，对氢弹的许多基本现象和规律有了深刻的认识。

在研制氢弹的过程中，于敏曾3次与死神擦肩而过。1969年年初，因奔波于北京和大西南之间，也由于沉重的精神压力和过度的劳累，他的胃病日益加重。当时中国正在准备首次地下核试验和大型空爆热试验，于敏参加了这两次试验。当时他身体虚弱，走路都很困难，上台阶要用手帮着抬腿才能慢慢地上去。热试验前，当于敏被同事们拉着到小山冈上看火球时，已是头冒冷汗，脸色苍白，气喘吁吁。大家见他这样，赶紧让他就地躺下，给他喂水。过了很长时间，在同事们的看护下，他才慢慢地恢复过来。由于操劳过度和心力交瘁，于敏在工作现场几至休克。直到 1971 年 10 月，考虑到于敏的贡献和身体状况，上级才特许已转移到西南山区备战的妻子孙玉芹回京照顾。一天深夜，于敏感到身体很难受，就喊醒了妻子。妻子见他气喘，赶紧扶他起来。不料于敏突然休克过去，经医生抢救方转危为安。后来许多人想起来都后怕，如果那晚孙玉芹不在身边，也许他后来的一切就都不存在了。出院后，于敏顾不上身体未完全康复，又奔赴祖国西北。由于连年都处在极度疲劳之中，1973 年，于敏在返回北京的列车上开始便血，回到北京后被立即送进医院检查。在急诊室输液时，于敏又一次休克在病床上。

在中国核武器发展里程中，于敏所起的作用是非常重要的。20 世纪 80 年代初，于敏意识到惯性约束聚变在国防和能源上的重要意义。为引起大家的注意，他在一定范围内作了"激光聚变热物理研究现状"的报告，并立即组织指导我国核理论研究的开展。1986 年年初，邓稼先和于敏对世界核武器科学技术发展趋势作了深刻分析，向中央提出了加速我国核试验的建议。事实证明，这项建议对我国核武器发展起了关键的作用。1988 年，于敏与王淦昌、王大珩一起上书邓小平等中央领导，建议加速发展我国惯性约束聚变研究，并将它列入我国高技术发展计划，使我国的惯性聚变研究进入了新的阶段。

于敏说："我们当初是为了打破核垄断才研制核武器的。对此，

> **拓展阅读**
>
> ### 惯性约束聚变
>
> 惯性约束聚变是实现可控热核聚变的途径之一。它依靠激光束加热氘、氚靶丸，由于粒子的惯性，在尚未严重飞散之前完成适度的热核聚变。

如何保持我们的威慑能力，要引起足够的重视。如果丧失了我们的威慑能力，我们就退回到了20世纪50年代，就要受到核讹诈。但我们不能搞核竞赛，不能被一些经济强国拖垮。我们要用创新的、符合我国国情的方法，打破垄断，以保持我们的威慑力。"

于敏虽然是一位大物理学家，但他最大的爱好，竟然是中国历史、古典文学和京剧。他从小就会背很多古诗词。他喜欢的书包括《资治通鉴》《史记》《汉书》《三国志》《三国演义》《红楼梦》等。诸葛亮的《后出师表》中，他很喜欢这一段："昔先帝败军于楚，当此时，曹操拊手，谓天下已定。然后先帝东连吴越，西取巴蜀，举兵北征，夏侯授首，此操之失计，而汉事将成也。然后吴更违盟，关羽毁败，秭归蹉跌，曹丕称帝。凡事如是，难可逆见。臣鞠躬尽力，死而后已……"他说，鞠躬尽瘁，死而后已，这是一种非常好的品德。

1988年，于敏从中国工程物理研究院副院长的岗位上正式退了下来。

于敏曾获1982年中国自然科学奖一等奖，1985年、1987年和1989年三次获国家科学技术进步奖特等奖，1985年荣获"五一劳动奖章"，1987年获"全国劳动模范"称号，1992年获"光华奖特等奖"，2015年获2014年度国家最高科学技术奖。2019年1月16日，于敏逝世。同年9月，国家主席习近平签署主席令，授予他"共和国勋章"。

氢能的其他用途

氢能在日常生产生活中具有广泛的用途。氢气在氧气中燃烧放出大量的热，其火焰——氢氧焰的温度高达3 000℃，可用来焊接或切割金属。

氢气还在冶金、化学工业等方面有着广泛的应用。

冶 金

冶金就是从矿石中提取金属或金属化合物，用各种加工方法将金属制成具有一定性能的金属材料的过程和工艺。冶金的技术主要包括火法冶金、湿法冶金和电冶金。冶金具有悠久的发展历史，从石器时代到随后的青铜器时代，再到近代钢铁冶炼的大规模发展，人类发展的历史就融合了冶金的发展。

氢能在民用方面也有着广泛的应用。除了在汽车行业外，燃料电池发电系统在民用方面的应用主要有氢能发电、氢介质储能与输送，以及氢能空调、氢能冰箱等，有的已经得到实际应用，有的正在开发，有的尚在探索中。美国、日本和德国已经有少量的家庭用质子交换膜燃料电池提供电源。居民家庭应用的燃料电池一般都在50千瓦以下，目前的燃料电池技术完全能够满足居民家庭能源提供的需要。氢能进入家庭后，可以作为取暖的材料。这主要是因为氢能的热值远高于其他材料。它燃烧后可以放出更多的热，是理想的供热材料。

在寒冷的冬天，我国各地特别是北方，基本都依靠燃烧煤炭来供暖。大规模燃烧煤炭会使空气中的二氧化硫含量骤增，造成环境污染，危害人体健康。此外，二氧化硫与水结合还可能形成酸雨。使用氢能取暖后，氢气燃烧的产物只有水，是清洁燃料。用氢能取暖可以保护环境。

氢能除了能用于家庭取暖外，也可以作为做饭的燃料。目前城市居民主要用天然气做饭，虽说天然气是一种较好的能源，但是天然气的主要成分是甲烷，甲烷燃烧后会生成温室气体二氧化碳。使用氢气作为燃料，就能减少温室气体的排放量。

氢能进入家庭后，还可以解决生活污水的处理问题。人们洗衣服、洗手后的废水经过对某些离子的处理，也可以作为制取氢气的燃料。不仅节约了水资源，也减少了这些水排出后造成的污染。将来人们可以完全在家中制取氢气：只需要打开自来水开关，水流通过专门的机器，分解后就可以制取氢气。人们可以随时使用到清洁的氢能，氢气在制取、燃烧、处理等多个环节都不会对环境产生影响，因此是真正的清洁燃料。

氢能在民用方面的应用不仅局限于日常生活中，在人类的生命延续中也能发挥出巨大的作用。日本医科大学太田成男教授等分析氢对培养细胞的影响时发现，氢能清除一种氧化能力极强、对机体有害的活性氧——氢氧根离子。活性氧被认为是导致细胞老化的诱因之一。研究人员用老鼠做实验，在实验中，让因人为导致脑梗塞的一组实验鼠吸入浓度为2%的氢气，而对另一组不采取任何措施，研究氢气是否可以防止因活性氧导致的脑细胞老化死亡。结果显示，吸入氢气的实验鼠脑细胞死亡的数量不到对照组的一半。这个发现为人们提供了一个思路：可以用氢制造出一种阻止人体细胞老化的特殊"药物"，从而能够延缓衰老。

氢能汽车

汽车工业是国民经济发展的支柱产业之一，然而它在给社会带来巨大经济效益的同时，也造成了严重的环境污染和石油资源的匮乏。因此，环境污染的加重和燃料资源的日益减少就成了当今汽车工业发展迫切需要解决的问题。在这种情况下，发展氢能汽车无疑是最佳的选择。

伟大的预言

一百多年前，法国科幻作家凡尔纳预言，有朝一日人类会出现以氢为动力能源的燃料电池汽车。氢是宇宙中最丰富的元素，它在燃料电池中与氧发生化学反应，产生电能驱动汽车前行，汽车排放的尾气基本上是蒸汽。如今，这个预言已变成现实。汽车工业既是国民经济发展的支柱产业之一，也是高消耗、高排放导致环境污染的重点所在，如大量排放二氧化碳所造成的温室效应。随着全球气候变暖及石油资源逐渐枯竭，生产更环保、更省油的新能源汽车成为汽车工业发展的趋势。

氢能汽车是以氢为主要能源的汽车。一般燃油汽车的内燃机通常注入柴油或汽油，而氢能汽车则改为使用气体氢。燃料电池和电动机取代一般的引擎，即氢燃料电池的原理是把氢输入燃料电池中，氢原子的电子被质子交换膜阻隔，通过外电路从负极传导到正极，成为电能驱动电动机；而

拓展阅读

凡尔纳

凡尔纳是法国著名的科幻小说作家和冒险小说作家，被誉为"现代科幻小说之父"，著有《海底两万里》《地心游记》等。

你知道吗？

氢燃料电池

氢燃料电池是使用氢这种化学元素，制造成储存能量的电池。其基本原理是电解水的逆反应，把氢和氧分别供给阴极和阳极，氢通过阴极向外扩散和电解质发生反应后，放出电子通过外部的负载到达阳极。

质子可以通过质子交换膜与氧化合成纯净的水雾排出，这样就有效地减少了燃油汽车造成的环境污染问题。国际上以氢为燃料的"燃料电池发动机"技术取得了重大突破，而燃料电池汽车已成为推动氢经济的"发动机"。

燃料电池汽车的研发规模之大、商业化步伐之快有目共睹，世界上主要汽车制造厂家和燃料电池公司几乎都加入这场竞争中，其发展之迅速、竞争之激烈令世人瞩目。早在

> **你知道吗？**
>
> ### 新能源汽车
>
> 新能源汽车是指不采用传统的以汽油、柴油作为燃料的动力装置的汽车，包括燃料电池汽车、插电式混合动力汽车、氢能源汽车和太阳能汽车等。

1965 年，外国的科学家们就已经设计出了能在马路上行驶的氢能汽车。我国也在 1980 年成功制造出第一辆氢能汽车，可乘坐 12 人，储存氢材料 90 千克。开发新能源汽车被列入国家重要决策事项，形成国家、产业、科研和大学联合创新系统。在长期新能源汽车的研究开发中，各国对汽车新动力的发展趋势达成了共识：早期目标是开发传统内燃机新技术和替代燃料汽车；中期目标是研制混合动力汽车，以大幅度降低油耗和排放；远期目标是研制实用的电动汽车和燃料电池汽车，以资源极其丰富且完全没有污染的氢动力燃料电池为动力重新定义汽车。燃料电池汽车技术在美国、日本及欧洲等发达国家和地区兴起，并构建了这种汽车的广阔消费市场。但从燃料电池汽车的本质而言，发展中国家和地区对此也有强劲的需求。

氢能汽车的应用类型

　　在研究质子交换膜燃料电池发电机时遇到的一个问题是现在生产的汽车类型数目较多。从小的轮椅车到大的货车，每种类型都需要一个性能优良的专门动力。因此，燃料电池发动机必须为每种类型的汽车设计相应的型号，这些只是在转化时期所用的汽车产品。

　　氢能汽车的商业生存能力在于燃料电池发动机产品能成功竞争过内燃机，同时也需要有成熟的全自动机械组装工艺。将燃料电池堆整合成燃料电池发动机，其中含有燃料传递系统，需要使车辆类型的空间和质量限制合理。

内燃机

　　内燃机是指将液体或气体燃料与空气混合后，直接输入汽缸内部的高压燃烧室燃烧而产生动力的热力发动机，是将热能转化为机械能的一种热机。内燃机具有体积小、质量小、便于移动、热效率高、起动性能好等特点。

　　通用汽车公司推出了一款燃料电池新概念车——自主氢燃料电池车，它所有的推进系统（氢气燃料、燃料电池、热交换器、电子点火系统、发动机、悬浮系统、方向系统和闸）都在底盘里（被称作"一块滑水板"）。它的目标是使燃料电池车外观设计合理、切实有效，这样燃料电池在寿命、性能和成本上都比目前的内燃机有竞争力。

　　燃料电池车最可能马上普及使用的是公共汽车。公共汽车有之前提到的当地服务优势，它有中心补给燃料的地方，有储存大量供日常消耗的氢气燃料和有充足的大型燃料电池堆存放的空间。

氢能汽车的现在与未来

◎ 国外氢能汽车发展状况

氢能和燃料电池汽车技术不仅是政府支持的发展战略，也是汽车界战略产品开发的重点。世界著名汽车企业、能源企业和燃料电池企业都在支持和开展氢能与燃料电池汽车的研究开发。目前，美国、日本、欧洲主要汽车企业几乎都有燃料电池汽车研究开发计划，并且不惜投入巨额资金。

从具体应用情况来看，燃料电池汽车应用最多的地区是北美地区，包括美国和加拿大，占全部燃料电池汽车的一半以上。目前燃料电池技术尚不成熟，燃料电池汽车的市场化仍需要时间。将概念车和汽车模型转变为实际用车还需要各厂商的共同努力。近年来，在燃料电池汽车技术领域取得了很大的进展，具体表现如下：

（1）燃料电池功率密度不断提高

由于受到汽车内部空间和承载能力的限制，车用燃料电池发动机的尺寸要求非常严格，因此，燃料电池制造商都在设法提高燃料电池的功率密度，这样就可以减小燃料电池

拓展阅读

承载能力

承载能力原指某一事物"承"与"载"的能力。一般指空间上的最大容量或力学上的最大限度。后扩展至各种事物，单元或系统、微观及宏观的各种能力上限。可涵盖交换能力、吞吐能力、处理能力、对破坏的防护能力等。

发动机的体积。加拿大巴拉德公司从 1989 年到 2001 年将燃料电池堆体积功率密度提高了 25 倍，2003 年研制的燃料电池发动机 Xcellsis HY80 最大输出功率为 68 千瓦，体积为 220 升，质量为 220 千克，体积和质量功率密度分别为 309 瓦/升和 309 瓦/千克，已基本达到美国能源部 Freedom CAR 计划中提出的 2010 年的目标。

（2）贵重金属用量大幅降低

燃料电池以白金（铂）为主要催化剂，但白金非常昂贵。通过技术开发，燃料电池电堆的白金用量已大幅度减少，并有望继续降低。

（3）燃料电池汽车能量转换总效率有望进一步提高

戴克公司曾对 NECAR4 型燃料电池轿车进行测试，结果表明，燃料电池从"油箱到车轮"的效率为 37.5%，远高于汽油发动机汽车 16%～18% 和柴油机汽车 20%～24% 的转换效率。如果考虑"从矿井到车轮"的总体效率，根据丰田汽车公司的研究结果，燃料电池混合动力汽车"油井到车轮"的总效率为 29%，汽油机混合动力汽车普锐斯的总效率为 28%。该项研究指出，燃料电池汽车的能量转换总效率将来有望提高到 42%。

（4）燃料电池汽车性能明显增强

2002 年 5 月，德国戴姆勒·克莱斯勒汽车公司（戴克公司）进行 NECAR5 型燃料电池轿车横穿美国的试验运行。从旧金山到华盛顿，燃料电池汽车行程为 5 220 千米，平均车速为 112 千米/时，全程仅发生过 1 次冷却水管小故障。2004 年，通用汽车公司的燃料电池汽车纵贯欧洲大陆，行程为 9 696 千米。目前，美国快递公司已经开始使用通用汽车公司的燃料电池汽车开展包裹快递服务。

燃料电池汽车的工作原理

燃料电池汽车的工作原理是使作为燃料的氢在汽车搭载的燃料电池中，与大气中的氧发生化学反应，从而产生出电能启动电动机，进而驱动汽车。甲醇、天然气和汽油也可以替代氢（从这些物质里间接地提取氢），不过将会产生极少的二氧化碳和氮氧化物。

（5）燃料电池系统成本逐渐降低

燃料电池系统尚处于研究阶段，少量购买时比较昂贵，每千瓦3 000～5 000美元。根据2006年11月美国能源部发表的研究报告，如果按大批量生产（一般指年产50万套）的燃料电池发动机计算，2002年燃料电池发动机的价格为每千瓦275美元，2006年下降为每千瓦110美元。美国能源部提出的目标是2010年降到每千瓦45美元，2015年降到每千瓦30美元，与目前汽油机的价格水平大体相当。

戴克公司是燃料电池汽车研究开发的国际知名公司，从1994年到现在其开发生产的100辆燃料电池汽车在多个国家示范运行。戴克公司在A级F－Cell燃料电池汽车继续进行道路试验的同时，又开发了B级F－Cell汽车。新车采用巴拉德的燃料电池先进技术，通过减少燃料消耗、增加车载储氢量使续驶里程增加到400千米（在原始NECAR基础上增加了260千米）。戴克公司在2006年推出了将燃

广角镜

动力性能

汽车的动力性能指标主要由最高车速、加速能力和最大爬坡度来表示，是汽车使用性能中最基本的和最重要的性能。在我国，这些指标是汽车制造厂根据国家规定的试验标准，通过样车测试得出来的。

料电池体积减小4成的燃料电池混合动力概念车"F600HYGENIUS"，该车特点是配备体积减小40%的新开发燃料电池组，在加速性能、最大时速、持续行驶距离等动力性能方面，可与采用现有动力传动系统的车型相媲美。

传统的汽车就是以燃油动力内燃机作为驱动的。无论是汽车行业还是消费者，都早已习惯内燃方式的汽车，所以如果新的环保汽车同样采用内燃机驱动，那么无论是技术方面还是市场反应都使人比较容易接受，而宝马氢动力7系就是这样一款环保新车型。

2006年11月22日，宝马氢能7系在柏林的亮相，标志着世界上第一款供日常使用、接近零排放的、氢动力驱动豪华高性能轿车的诞生。宝马氢能7系完美结合了氢技术及典型的宝马轿车的动态性能和驾驶表现，并展示了氢能驱动技术的巨大潜力，是宝马集团致力于未来世界个体机动性可持续发展的有力证明。

宝马纯氢动力版7系装备了V12的内燃机，这种发动机只能采用氢燃料。在使用氢动力状态下，汽车除了排放水蒸气外，几乎对环境没有任何污染，同时车辆也是优先选择燃烧氢气作为动力的。宝马氢动力7系还拥有一个双重模式的电机组，通过触摸多功能方向盘上一个单独的按钮，能

你知道吗？

氢动力

氢动力汽车以氢气代替燃油作为燃料。氢气在车体内经过燃烧后只排出水蒸气，对空气不会造成任何污染，确实是一种理想的汽车燃料。但以氢气作为燃料也存在一定的不安全因素。因为氢与氧如果以固定比例混合就会发生爆炸，为了避免这种危险，车内储备氢气的装置防护设计必须达到严格的标准规格，而且车体的安全装置也要相当稳固牢靠。

够快速便捷地从氢驱动转换到传统的汽油驱动。并且宝马公司表示，只要氢燃料的供应充足，使用双模动力单元的宝马氢动力7

系，即便是在进行动力切换时，都能够媲美顶级汽油车款的便利与舒适性。与普通宝马7系最大的区别是，氢能7系除配有一个容量为74升的普通油箱外，还配有一个额外的燃料罐，可容纳约8千克的液态氢。双模驱动为宝马氢能7系提供了超过700千米的总行驶里程：氢驱动可行驶200千米以上，而汽油驱动可行驶500千米。如果一种燃料用尽，系统将会自动切换到另一种燃料形式，保证燃料的供应持续而可靠。

利用氢能是宝马"高效动力"战略的终极目标。宝马的"高效动力"战略分为3个步骤：第一步是改进现有技术，减少能耗，从1990年开始，平均每辆宝马汽车的能耗已减少近30%；第二步是采用双燃料驱动，比如宝马氢能7系；第三步是纯氢动力汽车。

福特汽车公司是巴拉德的另一个主要汽车合作商，采用氢内燃机和 Model-U 型流行款，深受美国人欢迎。在经过多次的路面试验之后，2005年，福特开发了 Focus 燃料电池汽车。

美国通用汽车公司确立了要成为全球第一家年产百万辆燃料电池汽车公司的目标，2005年研发的 Chevrolet. Sequel 燃料电池汽车一次加氢后行驶里程达480千米，其中燃料电池组能在 -20℃ 启动，15秒内达到满功率运行。

在燃料电池汽车领域，通用是名副其实的领导者，其主要成果就是通用 Sequel 氢燃料电池汽车。通用汽车公司在欧宝 safer 的基础上开发了 Hydrogen 3，从2005年开始开发压缩氢存储系统，2006年通用推出了燃料电池汽车 Seqtlel。虽然早在2005年的上海车展就登场亮相，但是一直以来通用 Sequel 氢燃料电池汽车却被认为是燃料电池汽车领域的经典之作。因为与之前的燃料电池汽车相比，通用 Sequel 氢燃料电池汽车在可驾驶性方面取得了突破性的进步，其动力表现与驾驶特性都堪与目前使用汽油燃料的汽车产品媲美。通用 Sequel 氢燃料电池汽车通过采用线传操控技术，不仅提高了车辆安全性，简化了维护程序，拓展了设计自由度，而且也更环保。其几乎所有的驱动和控制组件都安装在 28 厘米的厚底盘结构上，与传统汽车相比较，更迅速，更平稳，更便于操控，便于生产，更美观也更安全，最重要的是，它只排放水蒸气，完全没有污染。

福特公司在 2007 年推出了一种插电式燃料电池混合动力汽车——福特 Edge 电动车。该车结合车载氢燃料电池发电机和锂离子蓄电池，百千米消耗氢气 5.74 升。这种插电式混合动

广角镜

混合动力汽车

　　混合动力汽车是指车上装有两个及以上动力源——蓄电池、燃料电池、太阳能电池、内燃机车的发电机组。当前复合动力汽车一般是指内燃机车发电机，再加上蓄电池的汽车。

力车由一个 336 伏锂离子电池组提供全时动力。初始的 40.25 千米，车辆依靠储存的电力行驶。之后，燃料电池开始给电池组充电，提供另外 322 千米续程的行驶动力，使总驾驶里程达到 362.25 千米并实现零排放。在有标准家用电源插口的条件下，车载 110 伏或 220 伏的交流充电器就可以给电池组充电。

丰田汽车公司将氢燃料电池汽车看作是环保汽车的终极目标，在世界范围内运行的由该公司生产的示范车已经超过 20 辆。Fine－T 是丰田汽车公司推出的小排量燃料电池混合动力汽车。该车由一套小巧的高性能的丰田燃料电池组提供能源，燃料电池组采用新型合金催化剂，减少了贵重金属的使用量。该车可以用前轮或者后轮转向，这使得平行泊车时更加灵活。在转弯时，可以进行连续无级转向的前后轮使得车身在 4 个方向都能够进行大约整个车长的变位。

本田汽车公司开发出了先进的燃料电池汽车 Honda－FCX。该

车装有 86 千瓦的 PEM 电池，是唯一一辆通过美国环境保护局（EPA）和加州大气资源委员会（CARB）鉴定的零排放燃料电池汽车。本田 FCX 是世界上最早商品化的燃料电池汽车，它展示了本田新开发的新型底盘，底盘可将燃料电池组纵置在车身的中

广角镜

PEM

　　PEM 的英文全称是 proton exchange membrane 或者 polymer electrolyte membrane，翻译成中文就是质子交换膜和聚合物电解质膜。一般来说，PEM 的两种翻译都可以理解为是传导质子的一种高分子固体膜。它的主要功能是传导质子和绝缘，以及隔绝正负极燃料产生互串（除了水之外）。

央部位，与原来在地板下面配置电池组的封装相比，该底盘可大大降低地板高度，同时还可减小发动机舱的体积。FCX 所配燃料电池组采用氢气和氧气从上向下流动，水从下方排出，有利于低温启动。该车的电解质膜采用了碳化氢电解质膜，可以在 -20 ~ 95℃ 的温度范围内发电。原来的氟类电解质膜只能在 0 ~ 80℃ 范围内发电。本田汽车公司还设置氢气站，用太阳能电池将水电解成氢气并储藏且在各家设置能够储氢的热电联产系统。其中，后者是由能够生成氢气的城市管道燃气改质设备、定置型燃料电池组合而成。该系统能向家庭提供必需的电力和热水，在不用电的时候还能够改制城市管道燃气，生成氢气储存在燃料罐中，以供汽车使用。

　　日产汽车公司在 2004 年借"必比登"挑战赛之际，首次在中国展示燃料电池汽车 X - Trail。2005 年 2 月，日产公司宣布首个作为燃料电池汽车动力装置的燃料电池组研制成功，新开发的电池组比已有供应商提供的电池组体积更小，动力更强劲，只用 60% 的体积就能提供相同的功率。同时成功研制了新的高压氢气存储系统，尽管汽缸体积没有变化，但压强扩大，氢气存储能力增加了 30%，大大提高

了燃料电池汽车的行驶里程。

2008 年 11 月，铃木宣布开发出了以小型车"SX4"为原型的燃料电池汽车"SX4 - FCV"，并获得认定。该车配备了 70 兆帕高压氢燃料罐、小型轻量电容器以及美国通用制造的燃料电池。该车燃料电池的输出功率为 80 千瓦，马达的输出功率为 68 千瓦，最高时速为 150 千米，一次充氢可持续行驶 250 千米。

除了以上著名汽车企业之外，许多实力雄厚的汽车企业和能源企业都已经开始研发氢能汽车，可谓是"百花齐放，百家争鸣"。氢能汽车研发技术日新月异，相信在将来，氢能汽车能够真正进入我们的生活，带我们进入一个清洁能源的时代。

◎ 我国氢能汽车研究现状

我国在氢能汽车研发领域取得重大突破，已成功开发出氢能燃料电池汽车性能样车。20 世纪 90 年代初，我国开始了对替代能源汽车的研发。我国的中长期科学和技术发展规划战略也把氢能列为重点之一，有关科研机构和企业也对此产生了极大的兴趣。我国科研人员在制氢技术、储氢材料及氢能利用等方面进行了开创性的研究，拥有一批氢能领域的知识产权，其中有些研究工作还达到了国际先进水平。

目前，我国在这一领域的研发已取得一系列重大成果。我国在燃料电池发动机方面成功突破大功率氢－空气燃料电池组制备的关键技术，轿车用净输出 30 千瓦，客车用净输出 60 千瓦和 100 千瓦的燃料电池发动机，已分别在同济大学和清华大学燃料电池发动机测试基地通过了严格的测试并装车运行。此外，我国研发的燃料电池汽车在整车操控性能、行驶性能、安全性能以及燃料利用率等方面均有较大提高。国内汽车企业还开发出 100 多种燃气汽车，在 19 个城市进行推广应用；国内自主研发的纯电动汽车、混合动力汽车，也已开始示范运行。

北京工业大学和北京飞驰绿能电源技术有限公司进行合作，不仅开发出了氢能汽车，还建造了制氢加氢站。此外，由清华大学开发、欧盟资助的氢能大巴863

清华大学研制的氢燃料电池城市客车

路公交客车已经在北京成功运营；上海同济大学和上海大众汽车制造厂成功开发出10辆氢能小轿车，并且建成了移动式汽车加氢站，目前正在建设固定式汽车加氢站。

2001年2月28日启动的总投资24亿元的"863"计划电动汽车重大项目，以"实现我国车用洁净燃料的战略转换，改善城市大气环境，促进汽车工业跨越式发展"为目标，其中，北京客车总厂和上海燃料电池汽车动力系统公司分别负责燃料电池客车和轿车。经过多年攻关，我国已在氢能领域取得诸多成果，特别是通过实施"863"计划，我国自主开发了大功率氢燃料电池，开始用于车用发动机和移动发电站。在政府相关部门和有关企业的大力支持下，广大科技人员积极探索，努力钻研，研制出一系列性能先进的燃料电池汽车。具体体现在以下几个方面：

(1)"凤凰"燃料电池汽车

"凤凰"燃料电池汽车是以上海通用汽车公司生产的一种串联型的燃料电池与蓄电池驱动的混合驱动车，以压缩氢气为动力。燃料电池可为汽车提供最高功率为35千瓦（47马力）的动力输出。该车的最高时速可达到113千米，最大功率为104千瓦，0到100千米加速时间只需13.5秒。

基本小知识

蓄电池

蓄电池是指放电后经充电能复原续用的电池，如常用的铅蓄电池。它是电池中的一种，属于二次电池。蓄电池的工作原理：充电时利用外部的电能使内部活性物质再生，把电能储存为化学能，需要放电时再次把化学能转换为电能输出。

（2）海格 KLQ6118GQ 氢燃料电池城市客车

2006 年 3 月 28 日，在上海世界客车博览会上，苏州金龙展示了其最新研制的海格 KLQ6118GQ 氢燃料电池公交车等四款客车新品。据了解，这款以氢气为燃料的客车巴士装备 75 千瓦燃料电池发动机系统，最高车速达到 75 千米/时，持续行程 320 千米以上，尾气排放为零，无污染，具有 4 项国家专利，主要性能参数达到国际同步、国内领先的水平，是一款真正节能的绿色环保城市客车。这款氢燃料电池公交客车，是由苏州金龙联合上海交通大学、神力科技和苏州创元集团等科研和高科技企业共同研制的。

（3）"超越"系列

国内完全自主研发燃料电池轿车整车的开发主要是上海神力公司，它与同济大学联合开发了"超越"系列。2004 年 7 月下线的"超越二号"最高时速为 115 千米，能连续行驶 168 千米，到 2005 年初已累计行驶 1 万千米。2006 年 6 月，在巴黎举行的"必比登清洁能源汽车挑战赛"上，我国自主创新研制的"超越三号"燃料电池轿车通过了燃油经济性、污染物排放、二氧化碳排放、噪声以及障碍等共 7 个项目的严格测试，获得优胜奖。

随后，同济大学与上汽集团科研人员合作展开第四代"超越"燃料电池汽车的研发。开发"超越"四代，将在第三代基础上不断改进，通过第四代"超越"的研发，燃料电池轿车将实现产业化。

（4）"上海牌"燃料电池汽车

"上海牌"燃料电池汽车是国家重点科技攻关项目，其研发集合了上海乃至全国最前沿的科技成果。同济大学、中国科学院大连化学物理研究所，以及中科院物理研究所等国内顶尖的汽车和电池研发机构先后加入。该车采用了串联式的混合动力驱动结构，装载了国内最先进的燃料电池堆，配备了功率密度较大的锂电池，并采用高压储氢系统作为动力源，样车速度可达每小时 150 千米以上。目前仅新车的动力平台就有 65 项专利，整车加起来专利超过 200 项。

（5）"清能一号"和"清能三号"

"清能一号"和"清能三号"燃料电池大巴是由中国最大的燃料电池发动机供应商上海神力科技和北京清华大学联合研制的最新一代燃料电池大巴，代表了中国燃料电池大巴的最高水准，同时也充分展示了中国燃料电池汽车的真实魅力，不但实用而且可靠。

目前，北京和上海已经各自有一座加氢站在示范运行，使得已经使用的氢能公交车有了"加气"点。随着我国氢能汽车科研工作的逐步深入，我国氢能汽车研制领域喜讯不断。由清华大学、镇江江奎科技和奇瑞汽车三方自主研发的"示范性氢燃料轿车研制项目"已正式通过国家级专家组评审，标志着国内第一台以氢燃料为动力的国产轿车正式研制成功。专家组评审后认定，该项目攻克了目前国际上存在的三大技术难题，且具有完全自主知识产权。首辆下线"喝氢"样车装有"绿色心脏"，是一种真正实现零排放的交通工具。随后，我国自主研制的首台氢内燃机在长安汽车点火成功。高效低排放氢内燃机是国家"863"计划唯一立项的氢燃料重点项目，它的成功点火标志着我国氢内燃机研究技术已经获得了突破性进展。

上海作为我国氢能产业最领先的地区，2007 年 11 月建成中国第一个汽车氢气充装站，并于 2009 年形成千辆级氢能汽车的生产能力，2011—2012 年达到约万辆级产能，并加快氢能汽车的基础设施建设，初步建成加氢站网络。

上海安亭加氢站

值得一提的是，我国早已经制订了燃料电池汽车批量生产计划，即 2010 年实现万辆级量产，2015 年燃料电池汽车的产能达到 10 万辆。我国发展燃料电池汽车，为国内的零部件企业带来无限商机，这是史无前例的。氢燃料电池作为一个产业，需要零部件企业提供支持与配合。作为汽车的零部件企业，要高瞻远瞩，明确我国发展氢能源汽车的发展方向，预见到我国氢燃料电池汽车的光明前景，不断改进技术。

根据目前氢能汽车的研发情况，氢能汽车要大规模应用，还需要一定的时间。麻省理工学院能源委员会的约翰·海伍特教授指出，作为一项颇具潜力的、能替代石油燃料的技术措施，氢燃料电池车目前的"路障"涉及氢燃料的生产、储存和输送基础设施，以及燃料电池的成本等问题。他认为，发展所谓的以氢为燃料的"氢交通经济"确实是一项巨大的挑战。即使价格和性能被公众接受，氢燃料电池车还需要几十年的时间才能被大规模采用。

为什么这么说呢？因为氢燃料电池车的推广要受许多因素的制约。

首先，新技术车辆大规模应用是早还是晚，主要受到现有车辆平均寿命的限制。目前车辆平均寿命是 15 年。无论是先进的内燃发动机车、混合车，还是氢燃料电池车，即便消费者买了这些具有新技术的车辆，大多数车主一般也不会在短时间内换车。

其次，配有新技术的车辆在厂家生产车间，从第一台到批量生产一般需要几年的时间，而到大规模推广又得几年以后。拿油电混合车来说，混合车有全新的技术，但市场份额却增长缓慢。此外，从推广氢燃料电池车对解决

你知道吗？

柴油发动机

柴油发动机是燃烧柴油来获取能量释放的发动机。它是由德国发明家狄塞尔于 1892 年发明的。为了纪念这位发明家，柴油就用他的姓 Diesel 来表示，而柴油发动机也被称为狄塞尔发动机。

交通石油燃料危机的影响角度说，欧洲过去多年推广柴油发动机的经验表明，短期内节省燃料的有效措施并不一定来自全新的技术，而在于如何在现有车辆基础上更好地改进技术，更经济地使用燃料。

当然，最主要的原因是氢能汽车研制和应用自身方面的问题，主要体现在 3 个方面：大规模制氢技术，保证大量廉价的燃料供应；氢气的储运技术，保证安全高效地储运氢气；氢能发动机，包括氢内燃机以及燃料电池技术尚不成熟。

尽管如此，我们相信，随着各国氢能汽车研制与开发技术的不断进步，在各国科学家及相关人士的共同努力下，氢能汽车的广泛应用会尽快实现。

7

氢能在国内外的
开发与利用

氢能不仅非常丰富，而且高效清洁，是非常理想的能源。近年来，它作为能源的作用日趋凸显，世界各国也充分认识到它的优势，并给予了足够的重视，纷纷制订氢能发展规划。科学家们努力钻研，在氢能研究领域频传捷报。与此同时，各国在氢能源赛场上展开了激烈的角逐，真可谓"千帆竞渡，百舸争流"。

氢能在国外

近年来，有关氢能的开发和利用成了能源学家研究的重点课题。如何能在这场能源赛事中胜出，也就自然而然地成为了各国氢能研究的重中之重。

其实，200多年前，人类对氢能应用就已经产生了兴趣。20世纪70年代以来，世界上许多国家和地区都在广泛开展氢能研究。

1970年，美国通用汽车公司的技术研究中心就提出了"氢经济"的概念。1976年，美国斯坦福研究院开展了氢经济的可行性研究。20世纪90年代中期以来，多种因素的汇合大大增强了氢能经济的吸引力，如城市空气污染的加重、对较低或零废气排放的交通工具的需求、减少对外国石油进口的依赖、二氧化碳排放的增多、全球气候的变化以及储存可再生电能供应的需求等。

化石能源是当前的主要能源，但化石能源诸多弊端的日益凸显，就注定了氢能成为人类的战略能源发展方向。汽车和飞机是燃烧石油的主要用户，世界各国在氢能交通工具的商业化方面已经展开了激烈的竞争。各国的能源专家热切希望氢能在汽车和飞机上大量应用。

基本小知识

化石能源

化石能源是一种碳氢化合物或其衍生物。它由古代生物的化石沉积而来，是一次能源。化石燃料是人类必不可少的燃料，但不完全燃烧后，都会散发出有毒的气体。化石能源通常包括以煤炭、石油和天然气为代表的含碳能源。

1984 年，日本川崎重工业公司第一个成功地利用金属氢化物制造出世界上最大的储氢容器，储氢容量达到 175 标准立方米，相当于 25 个有 150 个标准大气压的高压氢气罐的容量。储氢容器是由富含镧的混合稀土加入镍铝合金形成的储氢合金制造的。1985 年，该公司将储氢合金容器成功地用在丰田汽车的四冲程发动机上，该汽车在公路上行驶了 200 千米。

1990 年，日本武藏工业大学（现为东京都市大学）制造了一台用液氢作燃料的汽车发动机，取名为"武藏 8 型"，装在日产汽车公司的一辆车身内，可使汽车时速达 125 千米。这台液氢发动机的特点是点火性能好。而以前的氢气发动机点火困难，必须在燃烧室安装一个 900 ~ 1 000℃的电热加热体，耗电量大，电热体寿命也短，因此汽车启动后的连续行驶里程不长。

新的液氢发动机点火容易，火花塞的使用寿命有了一定的增加，耗电量也有所减少。灌一次液氢可连续行驶 300 千米，每升液氢可使汽车行驶 3 千米。这辆车吸引了许多科学家

广角镜

火花塞

火花塞，俗称火嘴，它的作用是把高压导线（火嘴线）送来的脉冲高压电放出，击穿火花塞两电极间空气，产生电火花，以此引燃气缸内的混合气体。

和工程师的眼球，因为它是氢燃料汽车向实用化迈出的重要的一步。

美国和俄罗斯在研制氢能汽车上虽然慢了一步，但并不甘心落后。它们把重点放在研制氢能飞机上，试图在氢能飞机上夺取冠军。1988 年 4 月 15 日，在苏联的一个机场上空，高速飞行着一架图－155 型飞机。这架飞机有些怪异，所有的供给发动机燃料的管道都不是安在机身内，而是安在了机身的表面。原来这是由著名的

图波列夫设计局设计的一架以氢气作为燃料的飞机，液氢储存在飞机尾部。为了保证安全和防止液氢意外泄漏发生危险，供给氢的管道全部从机身内改装在机身外，并且还安装有监视氢气泄漏的特殊传感器和信号报警装置，一旦发生氢气泄漏，飞行员便会马上收到报警信号，然后可立即强行通风，吹散危险的氢气。这架飞机满载液氢燃料后，在高空试飞21分钟并安全着陆，谱写了世界飞机发动机燃料史上新的篇章。

从20世纪80年代末开始，美国航空航天局就在研制一种比音速快20倍的超音速飞机，这种飞机也是用液氢作燃料。当时预计它从地球的一边飞到地球的另一边仅需要3.5小时。

此外，在底特律举办的国际车展上，美国

广角镜

超音速飞机

超音速飞机是指飞机速度能超过音速的飞机。1947年10月14日，美国空军上尉查尔斯·耶格尔驾驶X-1在12 800米的高空飞行速度达到1 078千米/小时，人类首次突破了音障。民用超音速飞机的代表是英法联合研制的协和超音速飞机。

通用汽车公司"自主魔力"氢动力概念车首次亮相，引起了各界的广泛关注。

氢燃料汽车正在加快推向商业化。但由于目前制氢成本为汽油成本的2~4倍，且氢气的大量生产需要能源和基础设施，要想让氢成为主导燃料仍存在许多问题。因此，专家们普遍认为，氢能的大量利用还需很长一段时间。

总而言之，世界各国都在加快对氢能的开发和利用。

氢能在中国

我国的中长期科学和技术发展规划战略也把氢能列为重点研究对象之一，相关科研机构和企业都表现出了极大的热情。目前，我国已在氢能研究领域取得了多方面的进展，在不久的将来有望成为氢能研发应用领域领先的国家之一，也被国际公认为最有可能率先实现氢燃料电池和氢能汽车产业化的国家。

我国对氢能的研究与开发可以追溯到 20 世纪 60 年代初，科学家为发展我国的航天事业，对作为火箭燃料的液氢的生产、氢燃料电池的研制与开发进行了大量而有效的工作。从 20 世纪 70 年代开始，国家将氢作为能源载体和新的能源系统进行开发。为进一步开发氢能，推动氢能利用的发展，2022 年，国家发展改革委、国家能源局联合研究制订了《氢能产业发展中长期规划（2021—2035年)》。

国内已有数家院校和科研单位在氢能领域研发新技术，数家企业参与配套或生产。随着中国经济的快速发展，汽车工业已经成为中国的支柱产业之一。2023 年，我国汽车产销量分别达到 3 016.1 万辆和 3 009.4 万辆，连续 15 年成为世界第一大汽车生产国与消费国。与此同时，汽车燃油消耗也达到上亿吨。在能源供应日益紧张的今天，很显然，发展新能源汽车已迫在眉睫。用氢能作为汽车的燃料无疑是我们最佳的选择。

中国作为全球最大的制氢国，每年制氢产量高达约 3 300 万吨，其中约 1 200 万吨满足工业氢气质量标准。此外，中国在可再生能源装机领域也处于全球领先位置，这为清洁低碳的氢能供应提供了巨大的潜力。

目前，中国氢能产业正在积极发展，已经初步掌握了氢能制备、储运、加氢、燃料电池及系统集成等关键技术。在一些地区，燃料电池汽车的小规模示范应用已经成功落地。而且，氢能产业的全产业链规模以上工业企业已超过 300 家，主要集中在长三角、粤港澳大湾区和京津冀等经济发达地区，进一步推动了中国氢能产业的集聚和发展。

然而，我们也应看到，中国氢能产业仍处在发展初期，与国际先进水平相比，还存在产业创新能力不足、技术装备水平有待提升、产业发展制度基础滞后等问题。面对新的形势、机遇和挑战，我们需要加强顶层设计和统筹规划，进一步提高氢能产业的创新能力，拓展市场应用新空间，确保氢能产业健康有序发展。

总之，中国在氢能领域已取得了显著成就，但仍需不断努力，通过政策引导、技术创新和市场拓展等措施，推动氢能产业实现更高水平的发展。

风光无限——氢能的未来

近年来，世界上的一次性能源基本来源于石油、煤炭等。而据科学预测，到 21 世纪中期，人类就将面临严重的石油危机。面对这种情况，我们都会思考一个问题：用完了石油和煤，接下来我们应该烧什么？这不但是老百姓关心的问题，更是科学家们普遍关注的一个大问题。

19 世纪以前，世界的科学技术水平都很落后，这一时期可以说是石油和煤的固体燃料时代。进入 20 世纪后，科学技术迅猛发展。一方面，科学技术的发展使得地下挖掘技术发达起来，煤和石油更容易开采了，尤其是大型油井的挖掘技术十分成熟；另一方面，新的交通工具和大型工厂的出现，使得人类对石油的需求量也增大了。这两方面相辅相成、相互促进，使得人类对石油的开采量越来越大，石油的产量越来越高，此时人类进入了液体燃料时代。然而，煤和石油都必须在地下经历亿万年的积累才能获得，而且必将有消耗殆尽的时候。

因此，有科学家指出，21世纪是燃气时代，也就是天然气的燃气时代。21世纪前期，人类将以天然气为主要能源。一方面，天然气资源暂时还比较丰富；另一方面，天然气也比煤和石油环保。天然气是最干净的化石燃料，对同一发热体，二氧化碳的排出量仅为石油的70%，而且其储藏量也相当大。纵然天然气有诸如此类的优点，但是与氢气相比，天然气的环保效果就逊色得多了。纯净的氢气不仅发热量高、集中，而且不会产生有毒废气，不会产生导致温室效应的二氧化碳，燃烧后对环境更是没有任何的污染。此外，氢气是可再生的燃气资源，来源广泛，它可以通过分解水来获得，它的产物又是水，并且应用范围广。所以，氢能是人类永恒的能源。

因此，随着环保意识的增强，化石资源的枯竭以及氢能制备与储存技术研究的不断进步，燃料电池技术在未来将进入大规模产业化阶段。

当然，要实现氢能广泛替代传统的液体、气体燃料，使用燃料电池推动的车辆进入千家万户，还有很长的路程要走。实现"氢—电"系统的产业化需要解决其经济竞争力相关的一系列问题：大幅度降低制氢和储氢的费用、降低燃料电池的造价等。另外，需要建立遍及千家万户的加氢站及配送系统，即供氢的基础设施。这绝不是一朝一夕就能够完成的。目前，虽然全球的加氢站都在不断增建当中，但与加油站相比，只是其九牛一毛。但是，随着科学技术的进步，氢能经济会日益壮大，而制氢的费用将逐年下降。从长远看，氢—电系统必将有广阔的应用前景。

氢能是一种极为优越的新能源，在21世纪的世界能源舞台上，氢能必将发挥举足轻重的作用。让我们充满信心，拭目以待，未来的氢能市场定会绚丽多彩，光芒四射，散发无限魅力。

氢能和氢经济

"氢经济"一词为美国通用汽车公司于1970年发生第一次能源危机时所创，主要为描绘未来氢气取代石油成为支撑全球经济的主要能源后，整个氢能源生产、配送、贮存及使用的市场运作体系。但随后20年间，中东形势趋缓、原油价格下跌，石油依旧成为交通运输业的首要选择，因此对于氢经济发展的相关研究渐少。直到20世纪90年代末期气候变化（全球变暖等）问题被引起重视以后，氢能与氢经济又再度成为世界各国研究的热点。

◎ 对氢能利用的基本认识

氢经济是指以氢为能源而驱动的经济，氢能的利用将渗透到生活的方方面面。为此，必须构建一个以氢为基础的能源体系，在该体系中应当包括氢的生产、存储、运输、转化应用等一系列环节。

传统的制氢技术包括烃类水蒸气重整制氢法、重油（或渣油）部分氧化重整制氢法和电解水法。目前，以生物制氢为代表的新制备方法也日益受到各国的关注，预计到21世纪中期将会实现工业化生产，利用工农业副产品制氢的技术也在发展。此外，利用其他方式分解水制备氢的技术也受到了广泛的重视，如热化学循环制氢，太阳能、地热能、核能等分解水制氢。

氢存储问题涉及氢生产、运输、最终应用等所有环节。目前，氢的存储主要有三种方式：高压气态存储、低温液氢存储和储氢材料存储。氢的运输与氢的存储方式密切相关，存在着多种运输方式，无论哪种状态都可以使用管道和车辆进行运输。

氢能在化工、航空航天、交通运输、供热、供电等方面有着广泛的应用空间。氢主要有两种转化应用的方式，即可以以燃烧的形式在发动机中使用，也可以以化学作用的形式在燃料电池中使用。下表所示为一些氢的转化与应用情况。

氢的转化与应用情况表

转化方式	转化技术	应用
燃烧	气体涡轮机	分布式电站
		组合式取暖和电力
		中央电站
	往复式发动机	车辆
		分布式电站
		组合式取暖和电力
燃料电池	质子交换膜	车辆
		分布式电站
		组合式取暖和电力
		便携式电源
燃料电池	碱性电解质	车辆
		分布式电站
	磷酸	分布式电站
		组合式取暖和电力
	熔融碳酸盐	分布式电站
		组合式取暖和电力
	固体氧化物	卡车 APV
		分布式电站
		组合式取暖和电力

以氢为能量载体的燃料电池主要有 5 种类型：碱性电解质燃料

电池（AFC）、质子交换膜燃料电池（PEMFC）、磷酸燃料电池（PAFC）、熔融碳酸盐燃料电池（MCFC）和固体氧化物燃料电池（SOFC）。其区别主要在于电池中的电解质和工作温度不同。碱性电解质燃料电池和固体氧化物燃料电池目前主要应用在航天、潜水艇和军事方面，如美国"阿波罗号"飞船、空间轨道站上用的都是碱性电解质燃料电池。但由于它们需要使用大量铂和工作条件苛刻，因此应用范围比较受限。磷酸燃料电池在大电站方面应用较多。熔融碳酸盐燃料电池作为民用发电装置的前景受到广泛重视。由于质子交换膜燃料电池属于低温型燃料电池，保温问题比较容易解决，而且起动所需要的暖机时间较短，采用固体膜作电解质降低了结构的复杂性，同时，当以纯氢作燃料时，质子交换膜燃料电池不需要去除杂质的辅助系统，使系统结构简化，上述优点使之成为目前研究最为活跃、进展最快、车上应用最多的燃料电池。

基本小知识

质　子

质子是组成原子核的基本粒子之一，是一种带 1.6×10^{-19} 库仑（C）正电荷的亚原子粒子，质量是 938.272 兆电子伏，即 1.672 621 58（13）$\times 10^{-27}$ kg，大约是电子质量的 1 836.5 倍。质子属于重子类，由两个上夸克和一个下夸克通过胶子在强相互作用下构成。原子核中质子数目决定其化学性质和它属于何种化学元素。

◎ 关于发展氢能与氢经济的不同看法

氢能与氢经济的迅速兴起，在给全世界带来巨大希望的同时，也引发了人们不同程度的担忧，关于氢能与氢经济的争论也由此开始愈演愈烈。概括起来，这些争论主要反映在以下几个方面：

（1）氢能发展与环境的关系

氢能由于具有以下主要特点而成为被许多国家看好的、替代化石燃料的未来型清洁能源：①能量高，除核燃料外，氢的发热值是目前所有燃料中最高的；②燃烧性能好，点燃快；③氢本身无色、无臭、无毒，十分纯净，它自身燃烧后只生成水和少量的氮化氢，而不会产生一氧化碳、二氧化碳、碳氢化合物、铅化物和颗粒尘粉等对人体和环境有害的污染物质，少量的氮化氢稍加处理后也不会污染环境，而且它燃烧后所生成的水，还可继续制氢，反复循环使用；④利用形式多，可以以气态、液态或固态金属氢化物出现，能适应储运及各种应用环境的不同要求。

虽然氢能源被广泛认为是将要取代化石能源的一种清洁能源，但以英国华威大学经济学家安德鲁·奥斯沃尔德、伦敦政策研究所能源经济学家保尔·埃金斯等学者为代表的部分研究人员却认为，现在的氢不是免费的午餐，它并不是清洁、绿色的燃料。目前所提出的氢制取生产线路都面临着这种进退维谷的局面：人类不得不研发另外一种新技术来处理生产新能量所带来的后果。例如，人们主要通过甲烷来获得氢气，但用这种方法在产生氢气的过程中却向大气排放了二氧化碳；采用电解水的方式获得氢需要大量的电力供应，现在大量的电力仍然出自消耗化石燃料的发电厂；利用可再生能源制氢的前景目前也并不乐观；此外，众多国家的政治家对核能源的建设采取十分谨慎甚至禁止的态度。因此，利用核能来生产氢在短期内也不是很容易能够实现的。

此外，美国加州理工学院的研究人员发现，如果氢燃料完全取代煤、石油、天然气等化石燃料，预计将有部分氢会渗漏进入大气平流层。它们随后被氧化成水，并导致平流层温度降低，扰乱形成臭氧的化学过程，进而在北极和南极上空造成更大的、持续时间更长的臭氧空洞。而地球臭氧层的损耗会直接影响它对太阳紫外线的阻挡作用。鉴于此，德国化学家学会成员于尔根·梅茨格呼吁，每项新技术都可能包含危及环境的因素，因此引入新技术前，必须进行全面试验。人类应该投入最好的模型工具，以检测其效果。

基本小知识

平流层

平流层亦称同温层，是地球大气层里上热下冷的一层，此层被分成不同的温度层，中高温层置于顶部，而低温层置于低部。它与位于其下贴近地表的对流层刚好相反，对流层是上冷下热的。在中纬度地区，平流层位于离地表 10 千米至 50 千米的高度，而在极地，此层则始于离地表 8 千米左右。

但也有国际社会多位专家对加州理工学院的研究持怀疑态度。美国迈阿密大学清洁能源研究所的内扎特·韦齐尔奥卢说："（氢的）泄漏可能比他们认为的要小得多。"对此，中国有专家对加州理工学院的研究也表示了自己的质疑，他们认为加州理工学院的研究的数学模型有缺陷，并且即便在其假设前提下，研究得出的结论也是较为片面的。

（2）氢的安全性

氢在使用和储运中是否安全可靠，是人们普遍关注的安全问题。一部分观点认为，氢的独特物理性质决定了其不同于其他燃料的安全性问题，如更宽的着火范围、更低的着火点、更容易泄漏、更高的火焰传播速度、更容易爆炸等。

20 世纪 80 年代末，德国、英国和日本三国的三家大汽车公司，对氢能汽车对于氢燃料的使用做过试验，并进行了评估。三家公司一致认为，氢能燃料与汽油一样安全。即使撞车起火燃烧，至多也不过出现一阵冲天大火，很快就烧完火灭。但也存在 3 个问题：一是由于氢气太轻，单位能量体积太大，即使用液态氢，体积仍然很大，占车内空间太多；二是氢燃料"逃逸"率高，即使是用真空密封燃料箱，也以每24小时2%的速率"逃逸"，而汽油一般是每个月才"逃逸"1%；三是加氢燃料比较危险，也很费时，一般需要1个小时，而且液氢温度太低，只要一滴掉在手上就会发生严重冻伤。

对氢的安全性问题，物理学家阿默利·罗文士认为，氢能产业经历了半个多世纪的发展，有令人羡慕的安全记录。任何燃料都有危害，并需要正确处理。但氢的危害不同，通常，它比那些碳氢化合物燃料更易处置。它非常轻，空气的质量约是它的14.4倍。氢的扩散速度约是天然气的4倍，比汽油蒸气的挥发性高12倍，因此，氢泄漏事故发生后，氢会很快从现场散发。如果点燃氢，氢会很快产生不发光的火焰，在一定距离外不易对人造成伤害，散发的辐射热仅及碳氢化合物的1/10，燃烧时比汽油温度低7%。虽然氢爆炸的可能性比上限高出4倍，但引爆需要至少2倍于天然气的氢混合物。氢易燃，着火所需能量是天然气的1/14，但是这也视情况而定，因为天然气可能由静电产生的火花点燃。但是与天然气不同，即使在建筑物中，氢泄漏遇到火源更可能是燃烧而不是爆炸。因为氢燃烧的浓度大大低于爆炸底限，而着火所需要的最小浓度比汽油蒸气高4倍。简而言之，极大多数情况下，如果点燃的话，氢气泄漏只会引发燃烧，而不会爆炸。

基本小知识

蒸　汽

　　蒸汽亦称水蒸气，是由水汽化或升华而成的一种透明的无色无味气体。根据压力和温度，蒸汽可分为饱和蒸汽和过热蒸汽。蒸汽的主要用途有加热、加湿、产生动力、作为驱动等。

（3）成本费用

对于氢经济发展所需要付出的经济成本，各方也看法不一。一部分观点认为，发展氢能与氢经济需要大规模建设氢能源的生产、销售和运输等基础设施，这是不现实的，而且成本太高——可能要花数千亿元。目前，氢能的生产成本比汽油高，其运输、存储、转化过程的成本也都较化石能源高。仅以汽车为例，消费者希望氢能体系要提供至少与目前化石体系相当水平的服务，要求燃料补充站点密布，每补充一次燃料汽车可行驶 480～643 千米，可在 3～5 分钟内完成一次燃料补充，价格也与汽油相当，而现在的氢能体系还远远不能满足上述要求。因此，目前从价格到服务，氢能都无法与化石能源竞争。另外，使用氢能的设备价格昂贵。美国能源部燃料电池研究小组的前负责人帕特里克·戴维斯认为："以今天的燃料电池技术，即使我们把氢燃料电池车的产量提高到每年 50 万辆的规模，每辆车的成本还是要比烧汽油的车高出许多。"质子交换膜燃料电池是最具发展前景的燃料电池。它具有可室温快速启动、无电解液流失、易排水、寿命长、比功率与比能量高等优点，特别适合作可移动动力源，也可以建成分布式电站和家庭动力源。但是，要实现质子交换膜燃料电池的商业化，必须大幅度降低其成本。再者，众多环境保护论者担心氢经济需建造许多新的燃煤发电厂和核电厂（或核聚变站），从而引发更多环境问题。

虽然氢能和氢经济为未来人类解决能源短缺问题描绘了令人振奋的前景，但要使这张蓝图真正成为现实的确还面临诸多问题，需要科学家、研究人员和政府部门等来共同回答。地球上的氢元素虽然十分丰富，但自然界中很少有游离态的氢存在，必须从水、化石燃料等化合物中制备，制备氢需要耗费大量的能量。另外，氢是最轻的元素且易燃，如何安全使用氢也是人类必须考虑的问题。因此，要想使氢像如今碳氢经济时代一样，取代化石燃料成为全球经济发展的能源载体，构筑新的氢经济，还需要在氢能的生产、存储、运输、利用等方面取得真正的突破。

氢能有望取代石油

随着工业的发展，化石燃料短缺，以及污染日益严重，以氢能为代表的高效、清洁能源越来越成为社会生存与发展的必然选择。据加拿大卡尔顿大学博士生导师、氢能燃料电池研究专家介绍，燃料电池的原理是利用电分解水时的逆反应，使氢气与空气中的氧气产生化学反应，产生水和电，从而实现高效率的低温发电，且余热的回收与再利用也简单、易行。氢能燃料电池作为一种清洁能源，其应用不仅能获得较好的环保效益，而且能减少对他国石油的依赖，实现能源独立。专家们认为，氢将在 2050 年前取代石油而成为主要能源，人类将进入完全的氢经济社会。

CHAPTER **8**

世界能源问题

世界能源问题是当今各国必须面临的重大难题，也是对人类生存与发展的重大考验。从非传统安全的视角看，不论是能源资源的开发还是分配，都不仅对世界经济产生巨大的冲击，也直接导致国际关系的变化，能源外交已经成为各国外交战略不可忽视的重要方面。

为深入探讨能源问题对国际关系，尤其是国际安全的影响，本章将详细阐述世界能源的方方面面，为人们更好地站在全球视野审视能源问题提供启发和借鉴价值。

能源的诠释

　　"能源"这一术语，过去人们谈论得很少，正是两次石油危机使它成了人们议论的热点。能源是整个世界发展和经济增长的最基本的驱动力，是人类赖以生存的基础。自工业革命以来，能源安全问题就开始出现。在全球经济高速发展的今天，国际能源安全已上升到了国家的高度，各国都制定了以能源安全供应为核心的能源政策。在此后的几十年里，在稳定能源供应的情况下，世界经济规模取得了较大增长。但是，人类在享受能源带来的经济发展、科技进步等利益的同时，也遇到一系列无法避免的能源安全挑战：能源短缺、资源争夺，以及过度使用能源造成的环境污染等问题威胁着人类的生存与发展。

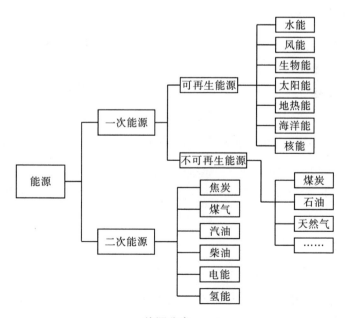

能源分类

那么，究竟什么是"能源"呢？

《科学技术百科全书》中说："能源是可从其获得热、光和动力之类能量的资源。"《大不列颠百科全书》中说："能源是一个包括着所有燃料、流水、阳光和风的术语，人类用适当的转换手段便可让它为自己提供所需的能量。"《日本大百科全书》中说："在各种生产活动中，我们利用热能、机械能、光能、电能等来做功，可利用来作为这些能量源泉的自然界中的各种载体，称为能源。"我国的《能源百科全书》中说："能源是可以直接或经转换提供人类所需的光、热、动力等任一形式能量的载能体资源。"可见，能源是一种呈多种形式的，且可以相互转换的能量的源泉。确切而简单地说，能源是自然界中能为人类提供某种形式能量的物质资源。

能源亦称能量资源或能源资源，是指可产生各种能量（如热量、电能、光能和机械能等）或可做功的物质的统称。它们能够直接取得或者通过加工、转换而取得，如煤炭、原油、天然气、煤层气、水能、核能、风能、太阳能、地热能、生物质能等一次能源和电力、热力、成品油等二次能源，以及其他新能源和可再生能源。

能源是国民经济的重要物质基础，国家未来的命运取决于能源的掌控。能源的开发和有效利用程度以及人均消费量是生产技术和生活水平的重要标志。

能源种类繁多，而且经过人类不断的开发与研

你知道吗？

新能源

新能源又称非常规能源，是指传统能源之外、尚在积极研究开发中的各种能源形式，如太阳能、地热能、风能、海洋能、生物质能和核聚变能等。其特点是分布广、资源丰富，可循环再生，绿色环保。

究，更多新型能源已经开始能够满足人类需求。根据不同的划分方式，能源也可分为不同的类型。

按来源分为以下 3 类：

（1）来自地球外部天体的能源（主要是太阳能）。除直接辐射外，太阳能为风能、水能、生物能和矿物能源等的产生提供基础。人类所需能量的绝大部分都直接或间接地来自太阳。各种植物通过光合作用把太阳能转变成化学能在植物体内贮存下来。煤炭、石油、天然气等化石燃料也是由古代埋在地下的动植物经过漫长的地质变化形成的。它们实质上是由古代生物固定下来的太阳能。此外，水能、风能、海洋能等也都是由太阳能转换来的。

（2）地球本身蕴藏的能量。如原子核能、地热能等。温泉和火山爆发喷出的岩浆就是地热的表现。地球可分为地壳、地幔和地核三层，它是一个大热库。地壳就是地球表面的一层，一般厚度为几千米至 70 千米不等。地壳下面是地幔，它大部分是熔融状的岩浆。火山爆发一般是这部分中的岩浆喷出。地球内部为地核，地核中心温度可接近 7 000℃。可见，地球上的地热资源储量也很大。

知识小链接

地热能

地热能是由地壳抽取的天然热能，这种能量来自地球内部的熔岩，并以热力形式存在，是导致火山爆发及地震的能量。地球内部的温度高达近 7 000℃，而在 80～100 千米的深度处，温度会降至 650℃～1 200℃。透过地下水的流动和熔岩涌至离地面 1～5 千米的地壳中，热力得以被转送至较接近地面的地方。高温的熔岩将附近的地下水加热，这些加热了的水最终会渗出地面。运用地热能最简单和最合乎成本效益的方法，就是直接取用这些热源，并抽取其能量。地热能是可再生资源。

（3）地球与其他天体相互作用而产生的能量，如潮汐能。

按能源的产生方式分类，有一次能源和二次能源。

一次能源是指自然界中以天然形式存在、没有经过加工或转换的能量资源。一次能源又分为可再生能源（水能、风能及生物质能等）和非再生能源（煤炭、石油、天然气、油页岩等）。其中，水、石油和天然气是一次能源的核心，它们成为全球能源的基础。

二次能源则是指由一次能源直接或间接转换成其他种类和形式的能量资源。如电力、煤气、汽油、柴油、焦炭、洁净煤和沼气等能源都属于二次能源。

可再生能源

可再生能源是指在自然界中可以不断再生、永续利用的能源，具有取之不尽、用之不竭的特点，主要包括太阳能、风能、水能、生物质能、地热能和海洋能等。可再生能源对环境无害或危害极小，而且资源分布广泛，适宜就地开发利用。相对于可能穷尽的化石能源来说，可再生能源在自然界中可以循环再生。可再生能源属于能源开发利用过程中的一次能源，不包含化石燃料和核能。

能源按性质分为燃料型能源（如煤炭、石油、天然气、泥炭、木材等）和非燃料型能源（如水能、风能、地热能、海洋能等）。人类利用自己体力以外的能源是从用火开始的，最早的燃料是木材，后来用各种化石燃料，如煤炭、石油、天然气等。现正研究利用太阳能、地热能、风能、氢能、潮汐能等新能源。

根据能源消耗后是否造成环境污染可分为污染型能源和清洁型能源。污染型能源包括煤炭、石油等。清洁型能源包括水能、电能、太阳能、风能以及核能等。

根据能源使用的类型又可分为常规能源和新型能源。利用技术上成熟，使用比较普遍的能源叫作常规能源，包括一次能源中的可再生的水力资源和不可再生的煤炭、石油、天然气等资源。新近利用或正在着手开发的能源叫作新型能源。新型能源是相对于常规能源而言的，包括太阳能、风能、地热能、海洋能、生物质能、氢能以及用于核能发电的核燃料等能源。由于新能源的能量密度较小，或品位较低，或有间歇性，按已有的技术条件转换利用的经济性尚差，还处于研究、发展阶段，只能因地制宜地开发和利用；但新能源大多数是可再生能源，资源丰富，分布广阔，是未来的主要能源之一。

按能源的形态特征或转换与应用的层次，可分为固体燃料、液体燃料、气体燃料、水能、电能、太阳能、生物质能、风能、核能、海洋能和地热能。

其中，前三个类型统称为化石燃料或化石能源。

地热能

已被人类认识的上述能源，在一定条件下可以转换为人们所需的某种形式的能量。比如薪柴和煤炭，把它们加热到一定温度，它们能与空气中的氧气化合并放出大量的热能。人们可以用热来取暖、做饭或制冷，也可以用热来产生蒸汽，用蒸汽推动汽轮机，使热能变成机械能；也可以用汽轮机带动发电机，使机械能变成电能；如果把电送到工厂、企业、机关、农牧林区和住户，它又可以转换成机械能、光能和热能等。

按市场属性，能源还可分为商品能源和非商品能源。凡进入能源市场作为商品销售的如煤、石油、天然气和电等均为商品能源。国际上的统计数据均限于商品能源。非商品能源主要指薪柴和农作物残余（如秸秆）等。

能源危机与希望

　　能源与人类的生存密切相关，它是提高人民生活水平、发展世界文明的物质基础。如果我们正视现实，那就不得不承认，我们正面临着前所未有的能源危机。

　　目前广泛使用的能源主要是煤、石油和天然气，但是这些化石燃料的储量十分有限，据估计，用不了 100 年它们就会耗尽而不能再生。因此，能源危机决不是危言耸听，开发利用新能源已是迫在眉睫的任务了。

　　所谓能源危机包括两方面：能源枯竭和环境污染。关于新能源的开发，目前除太阳能之外，可再生能源确定为风能、太阳能、水能、生物质能、地热能、海洋能等非化石能源。而通过低效率炉灶直接燃烧秸秆、薪柴、粪便等方式，则被排除在外。"十四五"时期，我国能源发展将面临区域性能源供需矛盾、能源转型存在技术短板、新型电力系统建设任务艰巨、能源安全风险多元化、能源供应和转型成本持续增高等问题。反映到能源领域，中国面对的情况要比发达国家在同一历史时期经历

广角镜

环境污染

　　环境污染是指人类直接或间接地向环境排放超过其自净能力的物质或能量，从而使环境的质量降低，对人类的生存与发展、生态系统等造成不利影响的现象。具体包括水污染、大气污染、噪声污染、放射性污染等。随着科学技术水平的发展和人民生活水平的提高，环境污染也在增加，特别是在发展中国家。环境污染问题越来越成为世界各个国家共同关注和研究的课题之一。

的情况复杂得多，中国人均能源可采储量远低于世界平均水平。

◎ 关于能源危机

能源危机是指以煤、石油、天然气等化石燃料为主的能源，由于储量有限，消耗加剧而面临资源紧缺乃至枯竭的现象。能源危机通常会造成经济衰退。

从消费者的观点看，汽车或其他交通工具所使用的石油产品价格的上涨降低了消费者的信心，增加了他们的开销。这对经济的影响尤其大，市场经济的能源价格受供需关系的影响，而供需关系中的供或需的改变都可以导致能源价格的突然变化。虽然一些能源危机是由于市场应对短缺的价格调节而产生，但在某些情况下，一些危机可能是市场的流通不畅通、缺乏自由市场而导致的。很多学者认为世界能源危机的主要原因是石油价格过于便宜，以至于使世界对其产生了过度的依赖性而迅速消耗殆尽，他们主张减少对化石燃料的依赖，增加研究经费用于对能源、燃料替代用品的研究。

目前主要的替代能源有燃料电池、甲醇、生物能、太阳能、潮汐能和风能等。但是迄今为止只有水利发电和核能有明显的功效。

知识小链接

潮汐能

潮汐能是以势能形态出现的海洋能，是指海水潮涨和潮落形成的水的势能与动能。其利用原理与水力发电相似。它包括潮汐和潮流两种运动方式所包含的能量。潮水在涨落中蕴藏着巨大能量，这种能量是永恒的、无污染的。

究其根本，世界能源危机是人为造成的能源短缺。石油资源将会在一代人的时间内枯竭。它的蕴藏量不是无限的，容易开采和利用的储量已经不多，剩余储量的开发难度越来越大，到一定限度就会失去继续开采的价值。在世界能源消费以石油为主导的条件下，如果能源消费结构不改变，就会发生能源危机。煤炭资源虽比石油资源多，但也不是取之不尽的。代替石油的其他能源资源，除了煤炭之外，能够大规模利用的还很少。太阳能虽然用之不竭，但利用的代价太高，并且在一代人的时间里不可能迅速发展和广泛使用。其他新能源也如是。因此，人类必须估计到，非再生矿物能源资源枯竭可能带来的危机，从而将注意力转移到新的能源结构上，尽早探索，研究开发利用新能源资源。否则，就可能因为向大自然索取过多而造成严重的后果，以致使人类自身的生存受到威胁。

相比于世界能源危机，中国能源危机形势更加严峻。中国资源丰富，但人均资源拥有量在世界上处于较低水平。有关研究结果表明，我国潜在水资源总量约为 2.7 万亿立方米，位居世界第 6 位，绝对量是丰富的。但由于人口多，人均水资源占有量却大大低于世界平均水平，仅列世界第 88 位。

基本小知识

水资源

广义指地球上所有的气态、液态和固态天然水；狭义指便于人类利用的淡水，即一个地区逐年可以恢复和更新的淡水，包括河川径流和深层地下水。水资源是发展国民经济不可缺少的重要自然资源。在世界许多地方，对水的需求已经超过水资源所能负荷的程度，同时有许多地区也面临水资源利用不平衡的情况。

21 世纪能源危机迫在眉睫

世界经济的现代化，得益于化石能源，如石油、天然气、煤炭的广泛应用。因而世界经济是建筑在化石能源基础之上的一种经济。然而，随着化石能源与原料链条的中断，必将导致世界经济危机，加剧世界各国间的冲突。事实上，20 世纪 80 年代以来的世界局部战争大都是由化石能源的重新配置与分配而引发的。这种军事冲突，今后还将更猛烈、更频繁。

改革开放以后，中国经济快速发展，加上所拥有的世界上最庞大的消费人口，目前中国已经成为世界上最大的能源生产国和最大的能源消费国。我国有自己的煤矿，自己的油田，丰富的水利资源，以及在农业经济中生物能源的利用，使得我国利用本国能源可满足全国的能源需求。但在化石动力原料的需求领域中，增加供应的可能性极为有限。能源消费巨增直接导致能源生产快速增长。尽管如此，中国仍然存在能源短缺。一方面能源需求巨大，另一方面资源并非取之不尽、用之不竭，巨大的矛盾迫使我们走上节约能源的道路，大幅度提高能源利用效率，加快建设节约型社会。

国家对能源资源问题也给予了前所未有的关注，明确提出这是关系我国经济社会发展全局的重大战略问题。所以，我国作为发展中国家，不能盲目地跟随西方工业化国家利用化石能源发展工业，急剧地扩大百万人口以上的城市，大规模地向城市转移来自农村的强壮劳动力；盲目地、加速地增加私人汽车……如此，必将提前遭受能源危机的冲击。

面对越来越严峻的能源危机，措施对策第一是开源。寻找本土资源，提高能源利用率和多层利用，积极研制能量转化效率高的方法，目前人类所掌握的能量转化技术中，只有电转热的过程可以达到100%效率，普通热机的效率严重低下，造成能源利用的严重浪费。积极寻找能源储备的途径，如战略石油储备，以及风能、太阳能、潮汐能等可再生的能源，然后开发电能储备技术，在可以使用的时候大规模地储存电能，待缺少能源的时候再用。寻求应用能源的多样化，减少对某一种能源的过分依赖，开发农作物植被清洁能源之路，开发、利用新型能源，如可燃冰、太阳能、核能、风能、水能等。

基本小知识

可燃冰

可燃冰又叫天然气水合物，分布于深海沉积物或陆域的永久冻土中，由天然气与水在高压低温条件下形成的类冰状的结晶物质，主要成分是甲烷。因它的外观像冰一样，而且遇火即可燃烧，所以被称作"可燃冰"或"固体瓦斯"或"气冰"。最早于1965年在西伯利亚被发现，之后在中国南海、东海海域也有发现。

第二是节流。改造现有高耗能的企业，走节能型企业之路；优先使用可再生能源，不可再生能源只能作为补充；在交通运输方面，应该大力发展公共交通事业，同时鼓励汽车工业开发节能性汽车；在民用建筑方面，必需走节能建筑方式，如用地热代替现有的供热方式；国民需树立浪费能源可耻的良好风尚，彻底改变铺张浪费的生活作风。

第三是平衡。只有维护地球圈内的能量平衡，才能使气候得以稳定，适宜人类生存。尤其是近年来全球气候变暖，不仅仅由于二氧化碳的排放，也有过度利用太阳能的原因，因为太阳能的利用阻止了太阳光能量反射回宇宙空间，因此使得地球能量增加，气候变暖。

　　第四是慎用。慎重对待当前的生物质能源，尽管某些科学家对其大加褒扬，声称为可再生能源，但也难免有不足之处：首先，尽管生物质能源的成长过程利用光合作用消耗空气中的二氧化碳，但我们利用生物质能源无异于燃烧石油和煤产生二氧化碳，很明显，尽管当前有森林绿地进行光合作用，但仍跟不上二氧化碳的排放；其次，利用生物质能源，肯定会相应减少对土壤施放有机肥料，另外生物质能源植物种植还会消耗土地的有机质，这样会严重减少土壤的有机成分，造成土地贫瘠；再者，过度地种植，会大量吸取地下水，造成地下水的缺失，更容易造成对植被的破坏和沙漠化。

发现氢的主要化学家
及其生平事迹

海尔蒙特

◎ 生平简介

海尔蒙特（1580—1644）是比利时化学家、生物学家，也是一名医生。

海尔蒙特生于布鲁塞尔一个贵族家庭，在鲁汶大学接受教育，在尝试了学习各种自然科学之后，他选择了医学，并于 1609 年拿到医学博士学位。海尔蒙特结婚后定居于维尔乌德，并在此进行化学研究。他在化学理论和实践上都有过卓越的贡献，成为炼金术向近代化学转变时期的代表人物。

◎ 科学贡献

毕业后的海尔蒙特已经有一个重大的发现，他认为"化学是开启医学的一道门，经过化学的定量分析能够使医学更为精确"。为了这个发现，他放弃名利，到维伏迪小城，隐姓埋名，成为了终身都不开业的医生，全力研究化学。

他夜以继日地做实验，连邻居都不知道这个人在干什么。他的实验非常精确仔细，留下来的记录显示，光是测定汞的重量，他就重复了 2 000 次。在精细的测量中，他发现物质无论是溶解还是沉淀，其质量在反应前后都没有改变，改变的只是物质的形态而已，这就是非常有名的"物质不灭定律"。

那个时候，汞被认为是仙丹，是长生不老药。大家都认为吃一点汞可以使血气活络、脸色红润，所以很多人买来食用。但是海尔蒙特经过仔细的定量实验后指出过量的汞是剧毒，可以导致人死亡。当时还流行一种万能溶剂，能将植物油溶解成水，他仔细研究，发现那是硝酸，遇到碱中和成水，于是他首先提出"酸碱中和生成水"的观点。

你知道吗？

硝　酸

硝酸在工业上主要通过氨氧化法生产，用以制造化肥、炸药、硝酸盐等，在有机化学中，浓硝酸与浓硫酸的混合液是重要的硝化试剂。

海尔蒙特小时候有烧东西的喜好，这个喜好最后变得很有用。他燃烧 62 磅（1 磅≈0.45 千克）重的木炭，最后只剩下 1 磅的灰，有 61 磅都不见了，他称这看不见的东西为"气体"（根据希腊文 chaus），并首次将这一词引用到化学中来。

海尔蒙特还研究人体内的结石现象。他用尿酸与钙作用产生白色结晶，模拟人体内肾结石、胆结石的形成过程。他试着把许多人体内的生理现象，通过人体外的化学实验来研究，其中最著名的试

拓展阅读

胆结石

胆结石是胆囊或肝内、外胆管发生结石的一种疾病。它的形成与代谢紊乱、胆汁淤积和胆道系统感染有关。按化学成分，胆结石分为纯胆固醇、胆色素钙盐及混合性胆石。

验是他将管子伸入胃中抽取胃液，来研究胃液对食物分解的功能。他发现胃液过多会造成身体不适，因此可以用碱性物质去中和，治疗胃酸过多。

在人类历史上，海尔蒙特是第一个用化学去研究人类与生物的生理构造，进而提出医治方法的人。他终身未曾亲手医治一个病人，却为未来的医学发展指出了正确的方向。

海尔蒙特的研究没有带给他任何掌声，只有排山倒海般的反对。当时的医学界还没有进步到足以接受他的看法，以化学来解释生物生理反应，因此，他的主张被斥为无稽之谈。政治界也反对他，他们认为，一个前程似锦的贵族青年，躲在贫民区内研究如何抽胃酸，实在是太离谱了。因此，所有贵族都联合起来斥责他，给他施加压力，要他回到布鲁塞尔。

就在大多数的人都在反对他时，有一个人毫无顾忌地支持他，给了他巨大的力量，这个人就是兰丝特。兰丝特是当时比利时最有权势的公爵的女儿。她慧眼识英才，嫁给了海尔蒙特。

这对夫妇经常在黑夜里骑着马把自家的钱袋送给穷人。他们为善不欲人知，等人家出来时，他们早已经走远。

海尔蒙特还做过一个非常有趣的实验，就是著名的柳树实验。他把200磅的土壤烘干装进木桶里，然后在土里种下5磅重的柳树苗，收集雨水灌溉；他只给柳树浇水，其他什么也不加。为了避免灰尘落入，他还专门制作了桶盖。5年以后，这棵柳树的重量居然达到了169磅3盎司（1盎司≈0.028千克）。最后，他把盆里的土烘干，结果这些土的重量仅仅少了2盎司。因此，海尔蒙特认为，树木重量的增加来自雨水而非土壤。

从柳树的实验中，海尔蒙特已经想到空气中的二氧化碳是供给植物生长的另一个物质。后来他继续用燃烧木头的方式研究二氧化碳。

海尔蒙特也曾发现氢。但当时人们的智慧被一种虚假的理论所蒙蔽，认为不管什么气体都不能单独存在，既不能收集，也不能进行测量。他当然也不例外，认为氢气与空气没有什么区别，于是很快就放弃了研究。

1644 年 12 月 30 日，在位于贫民区的实验室内，海尔蒙特中毒身亡。他不是死于二氧化碳，而是死于他所不了解的另一种足以致命的有毒气体——一氧化碳。

广角镜

一氧化碳

一氧化碳是碳不完全氧化的产物，无色无臭，极毒，可燃。通常所谓的煤气中毒，主要由于室内一氧化碳过多而引起。一氧化碳进入人体之后会和血液中的血红蛋白结合，进而使血红蛋白不能与氧气结合，从而引起机体组织缺氧，导致人体窒息死亡。

◎ 趣闻逸事

海尔蒙特出身于贵族家庭，是统治阶层的世家继承人。从小就集许多关注、期待于一身，但是正处于叛逆期的他，拒绝一切别人为他安排好的东西，他像个天生的纵火狂，从小到处烧东西，不仅烧掉教科书，还烧掉了父亲给他的图书馆。他痛恨书，痛恨课本，认为那不过是把人比来比去的东西。

由于家里太富有了，书烧了，有人再为他买来；图书馆烧了，有人再为他建起来。海尔蒙特在年轻时就写过："每个人都认为到学校受教育是一条理所当然的路，但是受教育后所要追求的东西，我不用念书就已经有了。我不知道我到底要什么，我不知道读书的意义在哪里，没有人知道我心中长期的不安与痛苦。如果我不知道念书的真正意义，我相信我所花的时间与努力终将付诸东流，转眼成空。"

海尔蒙特拒绝念书，家人强迫他念，甚至安排他进入当时的教育重镇罗凡接受教育，并有许多名师悉心教导。到 19 岁时，他已经念过多所学校，可惜从来没有毕业过。别人在背后笑他："海尔蒙特家的墙壁很大，却挂不上一张毕业证书。"其他什么书卷奖、优等生奖等更与他无关，他成了奖状的绝缘体。

四下无人时，海尔蒙特常独自走到森林里去哭泣，他哭自己是"木炭"，没有一点用处。

1599 年，海尔蒙特在外闲逛，偶然看到一本书，是德国修士金碧士所著的《效法基督》，这本书改变了他的一生。

金碧士用浅显的文字在《效法基督》中写道："最高深和最有益的学问，就是对自己具有正确的认识和评价。"这句话大大吸引了海尔蒙特，成了"挽救"海尔蒙特的关键良药。

以后的十几年里，海尔蒙特的心安静了下来。他博览群书，一心想要补回青少年时期荒废的时光。他也渐渐发现适合自己的读书方式，是在没有时间压力的情况下，慢慢地、仔细地看书。

他阅读古希腊希波克拉底的医学文集后，慢慢地转向医学。1609 年，29 岁的他终于拿到第一张毕业证书，具备了医师资格。

海尔蒙特为未来的人类指明了正确的方向，使今天几乎所有有志于进医学院、农学院和理学院学习的学生都知道，要想日后能精确地了解生物，必须在高中打下坚实的化学底子。海尔蒙特一度认为自己不过是块无用的"木炭"，但是这块曾经不起眼的"木炭"却凭借着自己顽强的意志、刻苦钻研的精神，最终不仅成为一名医生，还成为著名的化学家和生物学家。这块"木炭"燃烧了自己的生命，成为照亮未来的炭火。

卡文迪许

◎ 生平简介

卡文迪许（1731—1810）是英国化学家、物理学家。1731 年 10 月 10 日出生于撒丁王国尼斯。1742—1748 年，就读于伦敦附近的海克纳学校。1749—1753 年，就读于剑桥大学彼得学院。在伦敦定居后，卡文迪许在他父亲的实验室中当助手，做了大量的电学、化学研究工作，他的实验研究持续达 50 年之久。1760 年，卡文迪许被选为伦敦皇家学会成员，1803 年，他又被选为法国研究院的 18 名外籍会员之一。

卡文迪许

1810 年 2 月 24 日，卡文迪许在伦敦逝世，终身未婚。

知识小链接

电 学

电学是物理学的分支学科之一，主要研究"电"的形成及其应用。18 世纪中叶以来，人们对电的研究逐渐开展起来。关于电的每项重大发现都引起广泛的实用研究，从而促进了科学技术的飞速发展。现今，人类生活的方方面面都已离不开电。

◎ 科学贡献

卡文迪许一生都在实验室和图书馆中度过，在化学、热学和电学方面进行过许多实验探索。但由于他对荣誉看得很轻，所以对于发表实验结果以及得到发现优先权很少关心，致使其许多成果一直未被公开发表。直到 19 世纪中叶，人们才从他的手稿中发现了一些极其珍贵的资料，证实他对科学发展作出了巨大贡献。

卡文迪许最为人称道的科学贡献，当数他最早研究了电荷在导体上的分布，并于 1771 年用类似的实验对电力相互作用的规律进行了说明。他通过对静电荷的测定研究，在 1777 年向皇家学会提出的报告中说："电的吸引力和排斥力很可能反比于电荷间距离的平方。如果是这样的话，那么物体中多余的电几乎全部堆积在紧靠物体表面的地方。而且这些电紧紧地压在一起，物体的其余部分处于中性状态。"与此同时，他还研究了电容器的容量，制造了一整套已知容量的电容器，并以此测定了各种仪器样品的电容量。而且他还预料到了不同物质的电容率，并测量了几种物质的电容率。

知识小链接

电 容

电容亦称作"电容量"，指的是在给定电位差下自由电荷的储藏量，记为 C，国际单位是法拉（F）。一般来说，电荷在电场中会受力而移动，当导体之间有了介质，则会阻碍电荷移动而使得电荷累积在导体上，造成电荷的累积储存。

卡文迪许初步提出了"电势"的概念，指出导体两端的电势与通过它的电流成正比（"欧姆定律"在 1827 年才被提出）。当时还无法测量电流强度，据说他勇敢地把自己的身体当作测量仪器，以从手指到手臂间何处感到电振动来估计电流的强弱。

卡文迪许的主要贡献还有 1781 年首先制得氢气，并研究了其性质，用实验证明它燃烧后生成水。但他曾把发现的氢气误认为"燃素"，不能不说是一大憾事。1784 年左右，他研究了空气的组成，发现普通空气中氮占 4/5，氧占 1/5。他确定了水的成分，肯定了它不是元素而是化合物。他还发现了硝酸。1785 年，卡文迪许在空气中引入电火花的实验，使他发现了一种不活泼的气体的存在。

卡文迪许的另一个重大贡献是 1798 年完成了验证万有引力定律的扭秤实验，后世称之为卡文迪许实验。他改进了英国机械师米歇尔设计的扭秤，在其悬线系统上附加小平

拓展阅读

万有引力定律

万有引力定律是解释物体之间的相互作用的引力的定律，是物体（质点）间由于它们的引力质量而引起的相互吸引力所遵循的规律。

面镜，利用望远镜在室外远距离操纵和测量，防止了空气的扰动（当时还没有真空设备）。

他用一根 39 英寸（1 英寸 = 2.54 厘米）长的镀银铜丝将一根 6 英尺（1 英尺 = 30.48 厘米）长的木杆悬挂起来，木杆的两端各固定一个直径 2 英寸的小铅球，另用两个直径 12 英寸的固定着的大铅球吸引它们，测出铅球间引力引起的摆动周期，由此计算出两个铅球的引力，由计算得到的引力再推算出地球的质量和密度。他算出的地球密度为 5.448 g/cm^3（地球密度的现代数值为 5.518 g/cm^3），由此可推算出万有引力常量 G 的数值为 6.67 × 10^{-11} $m^3 kg^{-1} S^{-2}$（现代值前四位数为 6.674）。这一实验的构思、设计与操作十分精巧，英国物理学家坡印廷曾对这个实验有过这样的评语："开创了

弱力测量的新时代。"

◎ **趣闻逸事**

1. 最富有的学者，最博学的富豪

据说卡文迪许很有素养，没有当时英国的那种绅士派头。他不修边幅，几乎没有一件衣服是不掉扣子的；他不好交际，不善言谈，终生未婚，过着奇特的隐居生活。卡文迪许为了搞科学研究，把客厅改作实验室，在卧室的床边放着许多观察仪器，以便随时观察天象。他继承了大笔遗产，成为百万富翁，不过他一点也不吝啬。有一次，他的一个仆人因病生活困难，向他借钱，他毫不犹豫地开了一张 10 000 英镑的支票，还问够不够用。卡文迪许酷爱图书，他把自己收藏的大量图书，分门别类地编上号，管理得井井有序，无论是借阅，还是自己阅读，都毫无例外地履行登记手续。卡文迪许可算是一位活到老、干到老的学者，直到 79 岁高龄逝世前夜还在做实验。他一生获得过不少称号，有"科学怪人""科学巨擘""最富有的学者，最博学的富豪"等。

2. 孤僻腼腆、淡薄名利

有一次卡文迪许出席宴会，一位奥地利来的科学家当面奉承了卡文迪许几句，他听了起初大为忸怩，继而手足无措，最终坐不住站了起来，冲出宴会厅径自坐上马车回家了。卡文迪许沉默寡言，对慕名来访的客人常常一言不发陪坐在旁，脑中想着科学问题，使这些客人感到万分尴尬。他一生致力于科学研究，成果丰硕，但只发表过两篇并不重要的论文。这是因为他这个人孤僻腼腆到"病态"的程度，连他和管家之间都需要以书信方式交流。当时参加每周由班克斯举办的聚会时，都要求参与的人当他不存在，询问他的建议时需要当作周围没人那样说话，这样也许在场的人才能得到一个含糊的答案或者怒气的尖叫。

3. 卡文迪许实验室

为纪念这位大科学家，人们特意为他树立了纪念碑。后来，他的后代亲属将自己的一笔财产捐赠剑桥大学建立实验室。实验室于1871年建成，它最初是以卡文迪许命名的物理系教学实验室，后来实验室扩大为包括整个物理系在内的科研与教育中心，并以整个卡文迪许家族命名。该中心注重独立的、系统的、集团性的开拓性实验和理论探索，其中的关键性设备都提倡自制。这个实验室曾经对物理科学的进步作出了巨大的贡献。近百年来，卡文迪许实验室培养出的诺贝尔奖获得者达26人。

4. 沉睡了几十年的手稿

卡文迪许逝世后，他的侄子把卡文迪许遗留下的20捆实验笔记完好地放进了书橱里，谁也没有去动它。谁知手稿在书橱里一放竟是几十年，直到另一位电学大师麦克斯韦应聘担任剑桥大学教授并负责筹建卡文迪许实验室时，这些充满了智慧和心血的笔记才获得重见光明的机会。麦克斯韦仔细阅读了前辈的手稿，不由大惊失色，连声叹服道："卡文迪许也许是有史以来最伟大的实验物理学家，他几乎预料到电学上的所有伟大事实。这些事实后来通过库仑和法国哲学家的著作闻名于世。"此后，麦克斯韦放下自己的一些研究课题，呕心沥血地整理这些手稿，使卡文迪许的光辉思想流传了下来。真可谓一本名著，两代风流。不啻为科学史上的一段佳话。

拉瓦锡

◎ 生平简介

拉瓦锡（1743—1794）是法国著名化学家，也是近代化学的奠基人之一。

1763 年，拉瓦锡获得法学学士学位，并取得律师执业证书，后转向研究自然科学。他最早的化学论文是对石膏的研究，发表在 1768 年《法国科学院院报》上。他指出，石膏是硫酸和石灰形成的化合物，加热时会放出水蒸气。1765 年，拉瓦锡当选为法国

拉瓦锡

科学院候补院士。1768 年，拉瓦锡成功研制浮沉计，可用来分析矿泉水。1775 年，拉瓦锡任皇家火药局局长，火药局里有一个相当好的实验室，拉瓦锡的大量研究工作都是在这个实验室里完成的。1778 年，拉瓦锡任皇家科学院教授。

◎ 科学贡献

拉瓦锡原来是学法律的。1763 年，年仅 20 岁的拉瓦锡就取得了法学学士学位，并且获得律师执业证书。但拉瓦锡没有做律师，因为那时他对植物学产生了兴趣，经常上山采集标本使他又对气象学产生了兴趣。在地质学家葛太德的建议下，拉瓦锡师从巴黎著名

的化学教授鲁伊勒。从此，拉瓦锡便与化学结下了不解之缘。

拉瓦锡对化学的第一个贡献便是从试验的角度验证并总结了质量守恒定律。在拉瓦锡之前，俄国科学家罗蒙诺索夫证明了质量守恒定律适用于化学反应，他当时称之为"物质不灭定律"，其中含有更多的哲学意蕴。但由于"物质不灭定律"缺乏丰富的实验根据，特别是当时俄国的科学还很落后，西欧对俄国的科学成果不重视，"物质不灭定律"没有得到广泛的传播。

质量守恒定律

化学家们发现化学变化过程的实质是物质中原子的重新排列组合，只是核外电子发生了重排，而原子核及其核外电子总数并未发生变化，所以反应前后物质的总质量是不变的。随着原子核科学和相对论的发展，化学家们又发现高速运动物体的质量随其速度而变，实物和场可以互相转化，物质的质量和能量是相互联系的。现在人们已把质量守恒定律和能量守恒定律联系起来，称为质能守恒定律。

拉瓦锡用硫酸和石灰合成了石膏，当他加热石膏时，石膏放出了水蒸气。拉瓦锡用天平仔细称量了不同温度下石膏失去水蒸气的质量。他的导师鲁伊勒把失去的水蒸气称为"结晶水"，从此就多了一个化学名词——结晶水。这次意外的成功使拉瓦锡养成了经常使用天平的习惯。由此，他让质量守恒定律成为他进行实验、思维和计算的基础。为了表明守恒的思想，拉瓦锡用等号而不是用箭头表示变化过程，这正是现代化学方程式的雏形。为了进一步阐明这种表达方式的深刻含义，拉瓦锡又撰文写道："可以设想，将参加发酵的物质和发酵后的生成物列成一个代数式，再假定方程式中的某一项是未知数，然后通过实验，算出它们的值。这样，就可以用计算来检验实验，再用实验来验证计算。我就经常用这种方法修正实验初步结果，使我能通过正确的途径改进实验，直到获得成功。"

拉瓦锡最重要的发现是燃烧原理，这是他对化学研究的第二大贡献。之所以能够有此发现，是因为他第一次准确地识别出了氧气的作用。事实上，科学家确认燃烧是氧化的化学反应，即燃烧是物质同某种气体的一种结合。拉瓦锡为这种气体确立了名称，即氧气，事实上就是"成酸元素"的意思。

拉瓦锡还识别出了氮气。这种气体早在1772年就被发现了，但它却被冠以一个错误的名称——"废气"，意思是"用过的气"，也就是没有"燃素"的气，因此不会再被用作燃烧。拉瓦锡则发现这种气体实际上是由一种被称为氮（来源于希腊语 azote）的气体构成的，意为"无生命的"。后来，拉瓦锡又识别出了氢气，氢气的意思是"成水的元素"。拉瓦锡还研究过生命的过程。他认为，从化学的观点看，物质燃烧和动物的呼吸同属于空气中氧所参与的氧化作用。

1772年秋天，拉瓦锡照习惯称量了定量的白磷，使之燃烧、冷却后又称量灰烬（五氧化二磷）的质量，发现质量竟然增加了！他又燃烧硫黄，同样发现灰烬（二氧化硫）的质量大于硫黄的质量。他想，这一定是什么气体被白磷和硫黄吸收了。于是他又改进实验的方法：将白磷放入一个钟罩，钟罩里留有一部分空气，钟罩里的空气用管子连接一个水银柱（用以测定空气的压力）。加热到40℃时，白磷就迅速燃烧，水银柱上升。拉瓦锡还发现"1盎司（1盎司≈28.35克）的白磷燃烧后大约可得到2.7盎司的白色灰烬（五氧化二磷）。增加的质量和所消耗的1/5容积的空气质量基本接近"。

拉瓦锡的发现和当时的"燃素说"是相悖的。"燃素说"认为燃烧是分解的过程，燃烧的产物应该比可燃物质量轻。拉瓦锡把实验结果写成论文交给法国科学院。从此，他做了很多实验来证明"燃素说"的错误。1773年2月，拉瓦锡在实验记录本上写道："我所做的实验使物理和化学发生了根本的变化。"他将新化学命名为"反燃素化学"。

1775年，拉瓦锡对氧气进行研究。他发现燃烧时增加的质量恰好是氧气减少的质量。以前有人认为可燃物燃烧时吸收了一部分空气，但实际上是吸收了氧气，与氧气化合，这就彻底推翻了"燃素说"的燃烧学说。

1777年，拉瓦锡批判"燃素说"说："化学家从'燃素说'只能得出模糊的要素，它非常不确定，因此可以用来任意地解释各种事物。有时这一要素是有质量的，有时又没有质量；有时它是自由之火，有时又说它与土素相化合成火；有时说它能通过容器壁的微孔，有时又说它不能通过；它能同时被用来解释碱性和非碱性、透明性和非透明性以及有色和无色的原理。它真是只变色虫，每时每刻都在改变它的面貌。"

1777年9月5日，拉瓦锡向法国科学院提交了划时代的《燃烧概论》，系统地阐述了燃烧的氧化学说，将"燃素说"倒立的化学正立过来。这本书后来被翻译成多国语言，逐渐扫清了"燃素说"的影响。化学至此切断与古代炼丹术的联系，揭掉神秘和臆测的面纱，取而代之的是科学实验和定量研究。化学由此也进入定量化学（即近代化学）时期。

拉瓦锡对化学的第三大贡献是否定了古希腊哲学家的"四元素说"和"三要素说"，建立了在科学实验基础上的化学元素的概念："如果元素表示构成物质的最简单组分，那么目前我们可能难以判断什么是元素；如果相反，我们把元素与目前化学分析最后达到的极限概念联系起来，那么，我们现在用任何方法都不能再加以分解的一切物质，对我们来说就算是元素了。"

在 1789 年出版的历时 4 年完成的《化学概要》一书里，拉瓦锡给元素下了一个定义："凡是简单的不能分离的物质，才可以称为元素。"

拓展阅读

"四元素说"与"三要素说"

"四元素说"是古希腊恩培多克勒的朴素唯物主义学说。他认为万物的本原是火、水、土、气，它们是永恒的、不变的，不能自己运动和互相转化，但可按不同的比例混合，形成各种不同性质的东西。事物生灭是四元素的结合与分离，其动力是"爱"与"憎"。"三要素说"由 19 世纪法国文艺理论家、史学家丹纳提出，他认为种族、环境、时代三要素是决定文学艺术的根本力量。三者形成合力，决定了文学艺术的面貌和发展方向。

《化学概要》标志着现代化学的诞生。在书中，拉瓦锡除了正确地描述燃烧和吸收这两种现象之外，还第一次列出化学元素的准确名称。名称的确立建立在物质是由化学元素组成的这个基础之上。而在此之前，这些元素有着不同的称谓。在书中，拉瓦锡还将化学方面所有处于混乱状态的发明创造整理得有条有理。

◎ 含冤而死

拉瓦锡曾在政界被推选为众议院议员。对此，他感到负担过重，多次想退出社会活动，回到实验室做研究。然而这个愿望一直未能实现。当时，法国的国家形势日趋紧张，举国上下有如旋风过境般混乱，处于随时都可能爆发危机的时刻。对于像拉瓦锡这样大有作为、精明练达的科学家也处于严格考验的时期。

这时，似乎百年前波意耳在英国的处境，转移到拉瓦锡所在的法国来了。英法两国的国情是很相似的，但是这两位科学家的命运却截然相反。波意耳不闻窗外的世间风云，只是一心在实验室里静静地进行研究。而在同样处境下的拉瓦锡却未能做到这一点。应当说这是一种命运的不幸，而且这种不幸已经达到了极点，以致最终夺去了他的生命。

拉瓦锡不论在何处都像是一棵招风的大树，因而每当雷雨一到他便成了最危险的那一棵。最初的一击来自革命骁将马拉之手。马拉曾经也想做一名科学家以取得荣誉，并写了《火焰论》一书，企图将它作为一种燃烧学说而提交到了法国科学院。当时作为会长的拉瓦锡对此书进行了尖锐批评，认为此书并无科学价值而予以否定。可能因此，马拉和拉瓦锡结下了私怨。马拉叫喊着要"埋葬这个人民公敌的伪学者"。1789 年 7 月，革命的战火终于燃烧起来，整个法国迅速卷入动乱的旋涡之中。

在这片天地里，科学似乎已经没有容身之所。实际上法国的学术界，诸如学会、科学院、度量衡调查会等，都面临着生存的危机。甚至还有一种不正常的说法，认为"学者是人民的公敌，学会是反人民的集团"等。在此情况下，拉瓦锡表现得很勇敢。他作为法国科学院院士和度量衡调查会的研究员，仍然恪守着自己的职责。他不仅努力于个人的研究工作，还为两个学会的筹款而四处奔走，甚至无偿地把私人财产拿出来作为同事们的研究资金。他的决心和气魄，使他成为法国科学界的柱石和保护者。

但是，意想不到的对手却早已潜伏在拉瓦锡身边，他就是化学家佛克罗伊。佛克罗伊也是法国科学院的院士，曾经是一位很早就同革命党人有着密切联系并对法国科学院进行过迫害的神秘人物。在危难之际，他也曾在多方面受到过拉瓦锡的保护，后来他却施展诡计企图解散法国科学院，直到最后动用国会的暴力而达到了目的。1793 年 4 月，这个从笛卡儿、帕斯卡和海因斯以来具有百余年光荣历史的科学院遭到了破坏（直到 1816 年才得以重建）。

这时，拉瓦锡通过教育委员会向国民发出呼吁。他指出，教育界的许多元老曾经为法国的学术繁荣而贡献了毕生精力，然而现在他们的研究机构被毁，衣食来源被切断，宝贵的晚年受到了贫困的威胁，学术处于毁灭的边缘，法国的荣誉被玷污了。如果学术一旦遭到毁灭，恐怕再经过半个世纪也难以得到恢复了。他虽然提出了这样的警告，但仍然无济于事。

1793 年 11 月，包税组织的 28 名成员全部被捕入狱，拉瓦锡就是其中的一个，死神慢慢向他逼近。不久，度量衡调查会的 6 名研究员被开除，其中也包括拉瓦锡。

学术界震动了。各学会纷纷向国会提出赦免拉瓦锡和准予他复职的请求，但是，已经被罗伯斯比尔领导的激进党所控制的国会，对这些请求不但无动于衷，反而变本加厉地镇压。1794 年，国会将 28 名包税组织的成员

全部处以死刑，并预定在判决后的 24 小时内执行。

拉瓦锡的生命已经危在旦夕。人们虽然在尽力地挽救他，请求国会赦免他，但还是遭到了革命法庭副长官考费那尔的拒绝，将人们的请求全部驳回。他还宣称："共和国不需要学者，而只需要为国家而采取的正义行动！"

1794 年 5 月 8 日的早晨，包税组织的 28 名成员被执行了死刑。

拉瓦锡是第四个登上断头台的，他坦然受刑而死。著名的法籍意大利数学家拉格朗日痛心地说："他们可以一瞬间把他的头砍下，而他那样的头脑一百年也许长不出一个来。"

拉瓦锡的一生是令人崇敬的一生，是光芒四射的一生。